(Dharavi) India ·············· （达拉维）印度

(Rockefeller Center) USA ·············· （洛克菲勒中心）美国

(Damascus) Syria ·············· （大马士革）叙利亚

(Brasilia) Brazil ·············· （巴西利亚）巴西

《漫游世界建筑群》

是英国广播公司（BBC）的

一部经典纪录片，

主持人丹·克鲁克香克

（Dan Cruickshank）

作为一位建筑历史学家也因之闻名。

本书系以纪录片内容为基础，

配置以更为精美细致的建筑图片，

按照 8 个主题为大众讲解了足以震撼

世界的 36 座建筑，

并探寻这些建筑背后更为震撼的故事、

文化的起因和曾经的人物传说。

本书系共包括 4 个分册，分别是：

《漫游世界建筑群之美丽·连接》

《漫游世界建筑群之死亡·灾难》

《漫游世界建筑群之梦想·仙境》

《漫游世界建筑群之愉悦·权力》。

本书作者丹·克鲁克香克不仅是英国广播公司（BBC）电视台定期主持人，而且是一位建筑历史学家，他最为人们所熟悉的、也是最受欢迎的电视系列节目有《英国最好的建筑》和《工业革命为我们带来了什么》。

由他主持的系列纪录片还包括《当代的奇迹》《弗里斯－格林失落的世界》《世界八十宝藏》，这些纪录片也均推出了相应的同名畅销书。

他是乔治亚（历史建筑保护）小组的活跃成员，并一直在英国谢菲尔德大学建筑系担任客座教授。

他出版过包括《乔治亚时代的城市生活》《英国和爱尔兰的乔治亚建筑欣赏指南》等多部著作，其中最为著名的是由他担任主编的《弗莱彻建筑史》，该书是目前世界上最具学术价值的建筑通史之一。

A phoenix paperback

First published by Weidenfeld & Nicolson, a division of The Orion

Publishing Group, London

This paperback edition published in 2009 by Phoenix, an imprint of

Orion Books Ltd

BBC 经典纪录片图文书系列

漫游世界建筑群 之
美丽·连接

Adventures in Architecture

【英】 Dan Cruickshank（丹·克鲁克香克） 著

吴捷　杨小军　译

中国水利水电出版社
www.waterpub.com.cn

前言

本书记录了一场环球之旅。我从巴西的圣保罗出发，历经一年到达阿富汗偏远地带，旅程至此结束。全程覆盖了世界五大洲 20 多个国家，从冰冷广袤的北极圈和冬季的俄罗斯北部一直跨越到火热的中东沙漠、亚马孙潮热的热带雨林，以及印度和中国的众多火炉城市。

旅程的目的是要通过探索世界各地的建筑和城市，以此了解并记录人类历史及其抱负、信念、胜利和灾难。在这场探索之旅中，各个地区具有着全然不同的文化、气候、建筑规模和建筑类型，它们相互碰撞又相互融合。我见识了各种各样的城市，包括世界上最古老的一直有人居住的城市——叙利亚的大马士革、21 世纪建成的第一个新首都城市——哈萨克斯坦的阿斯塔纳，只为感受人们是如何生活在一起，以及建筑物是怎样界定和影射社会的。除了城市整体之外，我也单独探索了建筑物，包括寺庙、教堂、城堡、宫殿、摩天大楼、妓院兼女性闺房、监狱，以及位于阿富汗的世界上最完美的早期尖塔——神秘的 12 世纪贾穆宣礼塔。从某种意义上说，我曾帮人建造过世界上最古老的建筑物——听起来有点自相矛盾——以此来探寻建筑物的起源：在格陵兰，我和因纽特人共同建造冰屋——这个古老而巧妙的、拥有原始之美的物体结构，它揭示了早期建筑形成史，人们运用他们的工程天赋和可用的材料来建造一个可以抵御风雪和野兽的栖身之所。

这次探索之旅的成果在英国广播公司第 2 频道"漫游世界建筑群"的节目中播出，现在以书籍的形式呈现，它讲述了我亲身体验的建筑历史。汇编这段历史令人筋疲力尽，但又一直让我感到愉悦和振奋。建筑是人类最紧迫的，并且可以说是一直以来要求最高的活动，因为许多看似相互抵触的需求需要被调和、需要和谐共存。例如，建筑揭示了如何通过巧妙的设计来化解大自然中潜在的灾害力量，如何利用自然之力来驯服甚至挑战自然，如何将潜在的问题转化为优势。一些需要承受重力作用的建筑物——如穹顶、拱门等——结构非常坚固、承重能力极强，正是因为人们利用了如重力之类的自然力量。我们还看到，古往今来，建筑充分地挖掘了大自然的潜力，不只是利用天然的形态和材质——如黏土、石头和木材——同时还凭借人力将自然的产物进行改造和强化，创造出了新式的、更坚固的建筑材料，如铁、钢筋混凝土和钢。建筑应该是灵感受到启发后，艺术与科学紧密结合的创造性产物，诚如罗马建筑师维特鲁威在两千多年前的解释，建筑必须具备"商品性、稳固性和愉悦性"，这三者正是需要通过建筑调节的潜在矛盾。建筑物必须在满足功能性要求的同时，又具有结构稳定性和诗意，既要美丽，又要有意义，能激发并利用人们的才智和想象，如果是宗教建筑，还应通过物质手法唤起精神感受。只满足维特鲁威前两个要求的建筑仅仅是一种实用的构造，而只有第三点——即使在结构上没有必要性，但却提升了精神上的愉悦性——才将结构转化为了有设计感的"建筑"。

根据不同的建造原因，本书系中所述的地点被分成了8个不同的主题：建立栖身之所；应对灾难；表现世俗权力；致敬和纪念他们的神灵；建立人间天堂，将理想主义的梦想转化为可触摸的现实；展现死亡之谜，揣测死后生活；创建能够实现共同生活的群体；寻求对艺术美的感官享受及精神和视觉的愉悦。

在这史诗般的旅程中，我学到了很多，想到了很多。建筑是向所有人开放的伟大探险、是伟大的公共艺术，因为建筑就在我们周围。不管喜欢与否，我们都生活并工作在其中，或仅仅通过、走过它们。建筑物是私有财产，但它们也具有一个强有力的公共生命——伟大的建筑是属于所有人的。正确看待它，或者仅仅是稍微地了解它，揭开建筑石材中尘封的故事，都能更加充实、愉悦地生活。我希望这本书可以让每一位读者对建筑多一点喜爱，多一点了解。

我担心书中提及的某些地方会令人感到震惊和困惑，但是我也希望，这些地方能让人感到愉悦，能激起人们的求知欲。没有选择英国和爱尔兰的任何场所，并不意味着这些岛上的建筑质量较差或是在世界上地位较低。恰恰相反，正是因为很多地方我都已经在其他书中作过介绍，因此在本书中便不再重复，而是把重点放在那些我很早就感兴趣但却没有去过或是详细了解过的地方。

对于本书中的大多数地点而言，探访是相对安全且简单的，但考虑到旅游对环境造成的破坏，很多读者可能会更喜欢在书中阅读这些遥远并脆弱的建筑瑰宝，而不是参观它们。然而，更强大、更直接的威胁来自于冲突和贫穷。世界正日益成为一个充满敌意和分歧的地方，战争和忽视使得这些历史遗迹面临前所未有的威胁，其中许多被掠夺甚至毁坏。但愿本书能提醒人们，这些文化和艺术瑰宝很可能正处于威胁之中，最起码，这本书记录下了那些可能很快就将被永远改变的建筑。

目录

前言

美丽
Beauty

因纽特人
冰屋

冰雪世界的建筑起源——

冰屋（格陵兰）

　　我乘坐飞机来到了格陵兰。在我下方便是深不见底的蓝色海洋，海面上的浮冰泛着白光。这时，我看到远处被白雪覆盖的蜿蜒山崖——这就是海岸线上大块浮冰的发源地。在这里见不到任何生命的迹象——没有城镇，也没有人迹。眼前这片土地似乎与地球一样古老。

　　我此行的目的，意在找寻建筑的起源地，希望可以参与建造一个人类早期建造的庇护所之典范。于是，我找到了冰屋。对我来说，冰屋——这种由冰雪建造的圆顶房屋——是最完美的建筑。它看起来非常简单，但却向人们展示了那些设计和建造都极其精妙、具有条理性的实用性建筑是如何达到纯粹的美感，并变成一座真正的建筑的。最让人印象深刻的就是对于这里唯一一种现成的建筑材料——雪的创造性利用，人们通过设计使大自然中这一最脆弱的材料具有了强大的力量。它被制成雪砖并堆叠起来，造就了自然界最为坚固的建筑形式之一——穹顶。的确，这一微型工程的奇迹一直让我神往。冰屋是何时、何地，又是如何演化而来的呢？没有人有确切的答案，但是就传说而言，冰屋历来是由因纽特人中某个族群建造出来的，他们住在格陵兰和加拿大的相对小片区域，冬天将冰屋作为临时住所，又或者是因纽特人在狩猎途中建造的。我迫不及待地想一探究竟。

我们朝着位于格陵兰东海岸的斯科斯比松机场进发。凝视着这样一片非凡的土地很容易让人产生一种错觉。从高空望下来，格陵兰广袤无垠，似乎永远都是这样波澜不惊。然而，这片大陆块却在全球变化中首当其冲。北极圈的气温正在以其他地区两倍的速度升高，在过去的 30 年中，格陵兰的浮冰减少了 40%。因为全球变暖，这片大陆的大部分组成物，即浮冰和冰川，在不断融化。这都是人类在这个星球其他地方的不当行为的后果，如果这种现象持续下去的话，这片土地将面临巨大的灾难。同时，这也会给地球上大部分地区带来灾难，因为融化的海水会淹没地球上的低洼地区。我意识到此行来得很及时，我还可以见识到传统的因纽特人之生活的残留部分——这是一种受低温气候和冰雪大地限制的生活方式。几年之后，或许在这因纽特人居住的地方将再也无法建起这些冰雪之屋。

因纽特人住在距离海岸机场几英里以外的地方，他们所在的城镇叫伊铎阔铎米克 ❶。从远处看，小镇风景如画，地势陡峭一直向下延伸至海岸，镇中散布着彩色的单层或双层小屋，都带有倾斜的木屋顶。然而，随便在小镇中走

❶ 原文：lttoqqortoormiitt。因纽特语，含义是"有大屋的地方"，也有人称之为"彩色小镇"。

——译者

北极熊皮代表
着狩猎时代的
荣耀

走就可以发现这一切并非表面那样美好。这里非常贫穷，有一丝绝望甚至是疏离之感。我走近这些房子，仔细观察。这些房屋看起来漂亮，但却是未来灾难的象征，也暗示着因纽特文化的终结。这些房子几乎一模一样，都由木材面板建成。很显然，这些材料是平板式包装进口而来的，毫无疑问是来自格陵兰岛的归属国丹麦。这些批量建造的房屋要比传统用兽皮、浮木、雪和冰建造的房子容易得多，所以人们更偏好前者。但是当然，这也意味着建造传统建筑物的方法——包括建造冰屋的方法——开始被人遗忘。

　　彩色小镇上的因纽特人属于世界上最后一批真正的狩猎民族。他们乘着雪橇四处狩猎——这并不是某种体育活动，也不是为了好玩，而是为了生存。对他们来说，游猎一直是一项最受尊敬的职业。在镇上嬉戏的那些男孩，并不渴望成为律师或者医生，相反，他们想成为猎人；而女孩子们，我想，则最想成为猎人的妻子。我打量着经冷冻干燥后的北极熊皮，这种狩猎生活与外面更广阔的世界格格不入，我为眼前的景象感到震惊。但是，如果我们想保护留存下来的真正的因纽特文化，比如他们用雪和冰建造的建筑，我们就必须要保障他们狩猎的权利，因为这造就了他们，赋予他们骄傲和认同感。

　　我要去见一见将与我一同建造冰屋的人，他叫安德烈亚斯·萨尼姆纳克，65岁，是彩色小镇上一位著名的猎人的儿子，也是镇上为数不多真正建造过冰屋的人之一。在交谈中，他告诉我第一步就是找到合适的雪和选好合适的位置。雪不能太硬，也不能太软，密度也要合适——是被风压实过的。这样的雪才能够被切割成砖块的形状，并将冷空气隔离在外，以保证冰屋内部足够温暖。

　　在准备出发的时候，我告诉安德烈亚斯，我很荣幸能够得到镇上为数不多的冰屋建造者的协助。他笑了，然后悲伤地告诉我，除他以外已经没有别的冰屋建造者了，这个镇上再也没有人知道如何建造冰屋了。他还说，没有人在乎，孩子们也压根儿不想知道。天啊，事情比我想象得糟糕得多。我们来到此地仅仅是为了建造冰屋，然而实际上，我们似乎是要记录下一个即将消失的传统。安德烈亚斯告诉我，他的祖父和父亲教会他建造冰屋的方法，他却没能将这一技能延续下去。当他离开人世的那一天，彩色小镇上的冰屋也将随他而去。这使得我们的任务更加严峻。

我们离开房子，登上了安德烈亚斯大大的狩猎雪橇，10只健壮如牛的猎犬拉着我们去找合适的雪来建造这完美的建筑。

　　我们全速前进，滑行在冰冻的、紧靠海岸线的地面上。安德烈亚斯突然拉住了雪橇，把鞭子的手杆插进雪地里。是的，我们到了，这里的风从岩石海岸四周吹来，把雪压到了合适的密度。然而，这里的雪所处的位置是一块向下斜的土地，在峡湾侧面的海滩上。我们真的能在陡坡上建造一个冰屋吗？安德烈亚斯看出了我的疑惑，他大步走到冰面上，然后告诉我，我们将在那里，就在那个陡坡上，切割雪块，然后将冰屋建造在峡湾中的冰面上。他先以鞭子为圆规在雪上划出了一个精确的圆形，那就是我们冰屋

健壮如牛的猎犬
拉着雪橇

的平面布局。这个冰屋的尺寸比我想象的大，直径大约有4.5码 **❶**，看来任务艰巨。但是，真正让人担忧的是选定位置——确切地说，要选定两个位置。一个位置用来提供材料，另一个位置用来建造冰屋。我建造完美冰屋的计划已经受到了现实的挑战。冰屋的基本建筑理论是，挖掘雪块形成的坑洞同时要作为冰屋的地下室——这可以有效解决两次运输雪块的问题，同时也可以由此形成一个理想冰屋的取暖与通风系统。根据这条理论，热空气上升的同时，冷空气下降，因此冷空气汇入地下室的时候，冰屋居住者的身体以及灯所产生的热量将会聚集在圆顶处，这样居住者们都可以享受到温暖的空气。

除此之外，如果冰屋的入口低于地表水平面，先通向地下室，那么入口就会充当防气阀，因为冷空气不能上升，所以可以阻止冷空气进入屋内，同时因为暖空气无法下降，也就避免其流出室外。所有这些设计都显示着建造者的智慧，使得冰屋成为一个神奇的居住地，冷热之间取得了微妙的平衡，用自然之力驯服了自然。暖空气不仅可以驱走冷空气，同时起到了密封冰屋、防风的作用。因为身体和灯发出的热量温暖了冰屋内部，使得内部的雪块开始融化。水珠不断滴落下来，填充了雪块之间的缝隙，到了晚上，这些水珠再一次凝固，起到了泥浆填塞的作用。如果雪花落在了屋外，冰屋外部的温度也会使得这些雪花融化，滴在裂缝中，同样在夜间凝固后将冰屋完全密封起来。白天

❶ 英美制长度单位，符号 yd。1 码等于 3 英尺，合 0.9144 米。

——译者

人体的温度和阳光的作用以及夜晚的寒冷会使得雪块不断融化、再冰冻，迅速地将其从一个雪屋变成一个极为结实的冰屋。需要通风的话，只需在冰屋表面戳几个小洞即可。在一些地区，因纽特人将一桶桶水泼在冰屋上以加速这一转变进程。他们知道，这些水会首先使雪块表面融化，然后凝固，从而给这个建筑提供一个更为坚实的外表，确切地说，将冰屋变成一个美丽的水晶般的冰雪房子。

我请教安德烈亚斯有关分离采冰场和建筑地以及在冰上建造房屋的智慧，这个冰面距离地面仅仅 8 英寸，难以再专门建造地下室和空气阀，但是这不会让冰屋的内部一直很冷吗？安德烈亚斯笑了，继续寻挖那些合适的、压实了的雪，他一直挖到了距离地面那些粉末一样的雪 18 英寸以下的地方才找到。我想，或许很多冰屋都是建筑在冰面上的，应该不必担心吧！而且安德烈亚斯帮我建造的并不是传统理论上的冰屋，这是一个真正因地制宜的冰屋。这么想，我心里安慰了许多。

安德烈亚斯已经挖出了雪，并做出了雪块的雏形。他将雪块递给我，让我运到建筑区。雪块约有 30 英寸长、18 英寸高、1 英尺厚，奇重无比。当我被压得直不起腰的时候，我问安德烈亚斯，大概需要多少个这么大的雪块。他又笑了，回答我说连他自己不知道。不知道！我突然开始担心起来：这个家伙是不是很久没有建造冰屋了，不会是从来没有建造过吧！我努力说服自己他肯定心里有数。当安德烈亚斯转身切割另一块雪块的时候说，差不多要 50 个吧！

在切割完大约 12 个雪块并将它们扛到建筑区以后，我们开始着手建造了。安德烈亚斯用一把旧的面包刀把每一块雪块的表面削平，然后他拿起一块，在顶端削一个小小的斜角。在安德鲁放置最初的几个雪块时，我一直在认真地观察。他小心翼翼地将那些会连接在一起的雪块表面削平、造型，在放置雪块之前，安德烈亚斯用刀在雪块表面锯削。细致的切割可以确保每一面都尽可能有大范围的接触面积，而最后的锯削则会形成摩擦力，可以瞬间融化雪块表面的雪晶。在表面的湿气凝结之前，雪块便被放到一起然后被固定，直到表面融化的雪再一次结冰，使得雪块固结。这就是冰屋建造的秘密！在这种特殊的气候下，一个大的穹顶建筑根本不需要支架支承，所有的雪块都以

因纽特人
建造冰屋

冰作为黏合剂固结成整体。但我仍有点担忧，当雪块近乎垂直地堆叠起来时，我可以理解整个系统的运作原理，但是当墙面开始向地面倾斜时会怎样呢？仅仅一片薄薄的冰片摩擦能够固定住如此厚重的雪块吗？我很快会找出答案。

建造冰屋的前三个环节共使用了大约 50 个雪块，建成了 4 英尺高且几乎垂直的一堵墙。但是这恰恰符合冰屋理论：冰屋不应该是一个半球形圆顶，而应该是一个巨大而坚固的悬链线 ❶ 拱。也就是说，它的下半部分应该是稍稍向内倾斜，上半部分应该是圆锥体，类似鸡蛋末端的形状，由此形成一个非常坚固的穹顶，这是不用支架也可以做到的。更重要的是，沉重的雪块重力是向下的，而不是像半圆拱房屋的重力那样向外发散的。

现在，我们进行到了第四步，终于可以松一口气了。安德烈亚斯终于开始着手进行我一直向往的工作阶段。他开始将冰屋建成连续的螺旋形。他只需要将雪块修成楔形，这样当需要在上面继续叠加雪块的时候，这些雪块就可以作为一个斜坡。当整个墙面开始明显向内倾斜时，建筑工作会开始变得有点困难，此时楔形雪块就派上用场了。螺旋形是解决这一建筑结构难题的巧妙答案，这就意味着从此刻起，每一块新叠加上去的雪块都要得到其他雪块以及下方雪块的支承。如果有必要的话，这些雪块都要被紧紧粘合在一起。

我们不断地向上垒，理论与实践被快乐地结合到一起。但是，一切并非一帆风顺。现在叠放的雪块上表面被削成倾斜状，这就表明之后的雪块很快就要以水平的角度叠起来。我不明白这怎么可能实现。安德烈亚斯拿起一个雪块，研究把它放在哪个地方，仔细地观察雪块需要匹配的角度，再慢慢地修它的形状。他一修再修，有时候把一整块彻底

❶ 悬链线是一种曲线，因其与两端固定的绳子在均匀引力作用下的下垂之形相似而得名。
——译者

雪块之间相互支撑
并通过冻结从而形
成悬链形拱顶

丢弃，重新开始。他必须要把雪块表面修成不同的角度，尽可能加大两块雪块的接触面积，也就是可以被冰冻结在一起的面积。当他对于自己的成果感到满意的时候，安德烈亚斯便和我抬起雪块，放到合适的位置，然后查看这些角度比较夸张之雪块的表面之粘合程度。如果粘合情况不错，安德烈亚斯就在原地给雪块稍作修整，并对表面拍拍打打以使其潮湿，然后我们再将其轻轻推到合适的地方。之后，我们捧着雪块——祈祷。我们看着彼此，安德烈亚斯微笑并轻轻说道："一分钟就好。"时间到的时候，我们慢慢地移开手，检查这些放得并不牢固的雪块是否——似乎无视了自然之重力——被冻结得牢靠无比。11 个小时以后，我们已经完成了冰屋 2/3 的建造工作。

　　第二日一早，我们返回到建筑现场，我审视着前一日的工作。现在是关键时刻了。我不明白为什么可以让这些雪块固结在昨日晚上其上表面被切割过的雪块斜面上。这些斜面是那么陡，以至于其上面的雪块几乎呈水平状。安德烈亚斯对此却并不在意。他开始切割今天的第一个雪块，并将其放到合适的位置上。他完全忽略了这些斜坡——正是这些斜坡造就了近乎水平的雪块——然后直接把新的雪块放在近乎垂直的位置上。这样做是可行的，但是冰屋的样子非常奇怪。我一边工作，一边好奇。我们建造的穹顶或许形状奇特，但是我却非常欣赏它。事实上，我很欣赏穹顶。它们被视为建筑工程的巅峰之一，它们非常美丽，象征着宇宙苍穹。尽管建造需要技巧，但如果建造得非常稳固冰屋就会极其坚实。我们继续第二天的建造工作。感谢上帝，我们并非为了栖身而建造这个冰屋，否则在这样一个危险的环境中，我们现在也许已经没命了。

第三日开始了。当我们准备把最后一个雪块垒上的时候，已经是下午了。冰屋理论再一次受到了实践的质疑。最后一个雪块是最关键的，它可以防止整个穹顶坍塌——在穹顶承受着重力的时候，这最后一个雪块便将所有的雪块固定在原处。但是安德烈亚斯挑选的这个最关键的雪块很轻，只是一个顶石而已，并不能固定任何东西。事实上，为了可以从冰屋下方把顶石放进去，他甚至把顶石切成了两半，一次放一半。我认为，这个最关键的雪块应该体积很大且两面被切割成斜坡状，再从屋顶上将它嵌进去。当我表明这个观点的时候，安德烈亚斯表示十分的震惊，并警告我，试图爬上一个未完工的冰屋穹顶是非常愚蠢的。他说：穹顶很有可能倒塌。我又问他，冰屋在什么时候才能变得结实起来，他说，很快了。我猜想，应该是在经过几个白天的融化和夜晚的冰冻之后，雪几乎完全变成冰的时候。最后一项工序是入口。其实只是用两个大的雪块充当顶部的门廊。由于这完全不是我这种纯理论派心中冰屋

冰屋顶石的安放
非常关键

全球气候在变暖，浮冰形
成得越来越晚而融化时间
却越来越早

应有的空气阻隔区，我请教安德烈亚斯，这种入口如何
能将冷空气阻隔在外，又如何将热空气保留在冰屋里呢？
他解释说，通过雪做的大门就可以实现。我想，这虽然不
及隧道有科技含量，但应该也可以行得通。

我们站在外面，端详着自己的作品。冰屋的形状比我
想象得更像一个圆锥体，但却无比坚固，可以经受时间的
洗礼，就像是世界上第一座建筑一样。我们猫着腰走进去，
用雪块做成一个高高的板凳，再在上面铺一张麝牛皮，舒
适无比。太阳透过厚厚的雪块照射进来，形成了一道柔和
而明亮的光。任务完成了，我也参与建造了这个略显古老
的新建筑。安德烈亚斯期望建造的冰屋不仅仅具有功能性，
还具有一种美、成为一种装饰，他向人们展示了实用性建
筑也可以成为一项建筑艺术、一种艺术表现。

为了庆祝冰屋的竣工，我们决定去钓鱼。我们在附近

冰冻的湖面的一个洞中放进了一个大鱼钩，试图钓到经过的鱼儿。在我们有节奏地放入又拉起鱼线的时候，安德烈亚斯对我讲述了他的生活以及北极的故事。他最直观的经验正符合我所了解的东西。气候在不断变化，在以惊人的速度不断变暖。与以往相比，浮冰形成得越来越晚、融化时间却越来越早，猎人们现在不得不减少他们的游猎次数和范围。与此同时，因为迁徙路径和栖息地的变化，猎物也在逐渐减少。他们的世界和传统的生活方式都由于遥远国度不计后果的行为而遭到破坏，安德烈亚斯对此非常愤怒，而他们的民族却无能为力。这一地区狩猎的难度不断上升，这似乎很快就被我们直接体验到了。我们站在洞旁一个多小时，没有一条鱼上钩。我问安德烈亚斯该怎么办，他回我以微笑，将手伸进他的背囊，掏出一条冻鱼。这就是晚餐。他告诉我，用这种方式钓鱼在这样的季节是行不通的。看来这次垂钓体验只不过就是逗我开心而已。

我们在冰屋前面煮了这条鱼，太阳下山了，冰屋内的灯使得这个形状怪异的建筑物散发出光芒，美得让人惊叹。冰屋是一个功能性极强的建筑，但现在最打动我的却是它的美。它之所以美丽，是因为其富有逻辑性的设计，因为其看似简单实则复杂的功能，当然，也因为它的外观。冰屋的穹顶表明，在一座建筑中，外观可以是功能与建材的合理表达，同时也是一种动人的象征。穹顶就像苍穹一样，象征着天堂，在因纽特人看来，它象征着为这个冰雪世界给予生命的太阳。的确，冰屋不仅仅是一个庇护之所和栖息之地，也不仅仅是一座建筑——它本身就是一个世界。

伊丽莎白
女皇像

令人惊叹的巴洛克建筑——

凯瑟琳宫（圣彼得堡，俄罗斯）

当我于早春抵达圣彼得堡时，它仍然覆盖着白雪，有些冷却很美。涅瓦河和环绕着市中心的运河依旧覆盖着层层冰雪，街道上的行人们裹得严严实实以对抗寒冷的疾风。在这严寒中，所有活动都是在布满地中海之细节和颜色的建筑背景前开展的——粉色、暖黄、蓝绿——与灰色的天、白色的雪形成了鲜明对比。

此行的目的是探究一座建筑，它能够很多面地陈述这座城市的历史，也是城市建筑精神的体现。凯瑟琳宫位于圣彼得堡以南 25 公里的普希金宫之皇家宫苑里。它出自一位女性之手，这位女性为把圣彼得堡建造成一个伟大城市做出了许多贡献。伊丽莎白女皇，是 1703 年建立圣彼得堡的彼得大帝之女，一心为实现她父亲之梦想而努力——那就是在波罗的海附近荒芜的土地上建造一个伟大的首都。当时，彼得大帝刚刚付出了巨大的努力从瑞典手中得回波罗的海。1725 年，彼得大帝去世，俄国的首都从遥远荒芜的波罗的海迁回莫斯科。然而，彼得大帝的继承人，他的侄女安娜在去世之前，迁都回到圣彼得堡，而他的女儿伊丽莎白自 1741 年登上皇位以后，立刻投身于该城市的建设。在 18 世纪 50 年代，王公大臣开始围绕市中心女皇新扩建的冬宫附近修建宫殿。许多建筑都出自同一位建筑师之手，这个人赋予了 18 世纪中期圣彼得堡独特的外观以及雄伟的建筑之美。

巴尔托洛梅奥·拉斯特雷利于 1700 年出生于巴黎。他的父亲是一位意大利雕刻家，1716 年，他随父亲来到了俄国，为彼得大帝工作。在之后的几年，拉斯特雷利游历了法国和意大利大部分地区，同时为俄国宫廷工作。由于他的才智和技巧，1738 年，他被选拔为宫廷建筑师。伊丽莎白授命他建造一座宏伟的宫殿，一座同类宫殿中最让人惊叹的建筑。伊丽莎白用她母亲的名字——凯瑟琳——来命名这一宫殿，并通过宫殿的设计来突出她母亲的一生。这座宫殿本来是作为皇家贵族的避暑寝宫，是俄国版的路易十四凡尔赛宫，它象征着权力、象征着王室的威严。在这座建筑里，美丽被充作一种政治武器，被视为神圣威严的象征。

我到达了凯瑟琳宫，呈现于我眼前的，是充满热血的巴洛克建筑名作。色彩非常明艳——绿松石的墙壁、白色的建筑边沿以及用黄色的赭石点亮的各种设计细节。皇宫宏大且具有象征意义的着色给人以强烈的视觉冲击，而这种冲击在建造之初会更为强烈，因为现在点缀用的赭石黄

建筑师
拉斯特雷利

凯瑟琳宫

在当时还是金色。这一切都因其规模的宏伟而被凸显出来。皇宫的形式非比寻常，平面特别纤细，虽然面宽只有两间房间，进深却非常大，从一端到另一端有 350 米。这是为了在皇宫内部呈现出一条正式的道路，访客们可以沿着它走向王室中心。

宫殿侧立面长度太长很容易显得单调。因此，建筑师通过立面特征反复凹凸迂回变化的手法打破单调并平衡结构。宫殿长长的侧面被分成了一系列的楼阁，每个楼阁都立着巨大的石柱，撑着顶部一个三角楣，将中心部分强调出来。巨大的石柱使得两旁稍低的墙面看起来像是在上下移动，所以似乎是在按特定的方式高低错落移动着。到处都可以看到奢华的细部，比如窗户上精致的装饰等，使得这个庄严的建筑不仅遥遥可见，近处观赏时也别有一番韵味。

我往南走，到达了最初的主门位置。拉斯特雷利设计

的主台阶在 18 世纪晚期被移走，取而代之的是宫殿中央
的另一组主台阶。这个修改后的方案也许使得整座建筑更
为方便，但却降低了伊丽莎白最初创造的极端逻辑性——
宫殿的正式通道，即纵向排列的道路由南延伸至北，当两
旁所有大门打开时便形成了一副壮观的景象。从这种意义
上说，这就形成了圣彼得堡又长又直的涅瓦大街的室内版
本。这是展现女王，即伊丽莎白权力与美丽的巡礼，是它
的中心。

　　无视这激荡的室内设计的修整，我在南面发现了一条
通往入口的小路，沿着这条路我来到了一楼，这是主楼
层，所有重要的房间都安排在这里。现在，走在伊丽莎白
展望之道路上，我首先发现，宫殿里实际上有两条平行的
贯穿南北的通道。西边的那条通道连接着所有大一些的大
厅，因此很明显，这条路是主路，供出身贵族的大臣、权
贵和外交官等使用；东边的通道连接着更小、更私密的房

凯瑟琳宫内气势
非凡的通道

间，这一定是通往伊丽莎白私密世界的小路了，是供她的亲近之人使用的。但是，两条路线都具有同一个基本规则：展示皇室以及这片土地上的森严等级，只有受她青睐之人才有机会来到这皇宫最深处。

在从皇宫最南端的入口到最北端的私人套间的第一段路程中，两条路线途经同样的房间，每一个房间都装有两对门。在西边的这对门中，朝北看尽端消失在越来越大的房间中，而朝南看却感觉尽端消失在越来越小的房间中。整个布局错综复杂，毫无疑问，这准确反映了伊丽莎白时期复杂的大环境和权力的不断更迭、平衡。我沿西边的路线走着，这条只有国家权贵才能走的通道直通北面的一排主房间。宫殿南端的大部分都已被改造过，但仍然可见三个成排的大房间，每间都与

宫殿同宽。这三个房间是各种候见室和保安室，也是整个皇宫内部相对最对外开放的地方。身份地位不够尊贵的人往往聚集于此，得以一窥皇宫内室。我朝敞开着的一扇扇门内望去，视野消失在远处，却让人无比震惊。所有的门框都由生动的巴洛克以及轻快的洛可可风格装饰而成，镀着金边。只有有足够特权的人才可以来到我脚下的这块区域。我穿过一扇扇门，来到欧洲最宏伟的内室之一 ——大厅。整个房间极为浩大，金饰、玻璃和闪烁的光都无比耀眼。公共通道和私人通道都通往这个名为"光之走廊"的大厅，似乎伊丽莎白世界中的各个方面都在这里融合。从建筑角度讲，这个大厅让人震惊，光束从两边一排排的窗户洒进来，窗户中间以及大厅的两端就是镶有镀金洛可可边框的巨型镜子，闪耀着奢华的光芒。其艺术意图就是要迷惑人们的感官，这是高端巴洛克风格的表演舞台。窗户与镜子的结合打破了空间界限，几乎很难分辨房屋的起始点，难以辨别虚与实。这里似乎没有尽头，房间四个角落的门都通往逐渐消失的景观中。

"光之走廊"大厅

　　以大厅的北端为界，两条路线开始分叉。沿着西边的那条通道，我来到了一个闪着金光的餐室，这里专门为值班大臣所设。同时，这里也是那些侍奉女王的宫廷成员聚集的地方。这个餐室里有一个巨大的壁炉，从地板一直升向天花板，壁炉上镶着蓝色的瓷砖——尽管皇宫本来意欲建成夏宫，但是每一个房间都装有至少一个这样的壁炉。壁炉上漂亮的瓷砖展现了俄罗斯有趣又有特点的景观和风尚，使得壁炉既有装饰性，又有实用性，并成为了整个皇宫最夺目的光辉之一。穿过餐室，就可以看到中式风格的大厅，但其却在 18 世纪晚期被新的主楼梯所取代。再向前走，就是伊丽莎白的正餐室，之后是接待间和一个稍大一点的房间——肖像室。从装饰可以看出这些房间最初的功能。每一扇门上都有镀金的王冠，这意味着当伊丽莎白会见外国王子或大使时，会带着帝王的威严和光辉从这里进入。

　　从肖像室里悬挂的一幅画中可以看出伊丽莎白在这些场合中的模样。这幅肖像是海因里希·布赫兹在 1768 年画的，当时伊丽莎白已经去世 6 年，但却展示了她最鼎盛时期的仪态。这幅画非常迷人，它通过展示美貌、华丽将权利与财富表现得淋漓尽致。画中，她身后是一片古典建筑，周围是昂贵的时尚物件，其中包括镀金的巴洛克家具和一只巨大的东方风格的花瓶。伊丽莎白身披一件华丽无比镶着貂皮边的金色斗篷，上面绣着帝国的标志，即双头鹰，华丽的斗篷下是一件正式的宫廷礼服。真是一件惊人的作品——低胸设计以及宽大的裙撑突出了臀部的曲线。据说，伊丽莎白去世时拥有 15000 件这样的裙子！她手执权杖，在她身前，是一个圆球，两者都是皇权的传统象征。她佩戴着蓝色的缎带以及圣安德鲁秩序之星，这是由她父亲创建的专属骑士法令，也只颁发给王公贵族。

凯瑟琳宫著名的
琥珀房

我看着这幅肖像——的确，我看到了权力，但是作为一个女人的她到底是什么样的呢？我认真端详她的面孔，想了解藏在这浮华背后的人。伊丽莎白看起来很平和，并不高傲。我觉得自己可以信任她，我也知道，她喜爱建筑并创造了世界上最振奋人心的建筑。我不得不承认，我很喜欢这位女王！

　　我沿通道走着，进入到了最神奇的一间房间，这间房间里充斥着对西方世界的想象。曾经有人形容它是世界上最美丽的房间，是世界第八大奇观。这就是琥珀房，也是对权力与自然力量的赞美。这里的确超乎想象——结构和颜色看起来像龟壳，每一面墙板都由上百个琥珀碎片组成，每一颗琥珀色彩都有所不同，从黄色到深棕红色，各有特色。大部分琥珀上面都雕刻着精致的巴洛克细节，其中包括小巧精致的宝石，散发着温暖甜蜜的光芒。仅仅是看着这间屋子便已让人沉醉——这些华丽的色彩和细节实在是迷人。

图画长廊

这里的工艺既精致又亮丽，但这并不是建于18世纪的琥珀房。这个房间只是近乎完美的复制品。它极其壮美又充满灵魂的创作讲述着凯瑟琳宫的故事，然而，这里的大部分建筑都在第二次世界大战时期被烧成了灰。因此，这间房与宫殿中所有的房间一样，都是战后重建的结果。政府重建了沙皇宫殿的内部，因为这里象征着整个国家和民族的荣耀与身份，这些房间都是由俄罗斯人，或者是为俄罗斯人工作的外国人所建，都闪耀着俄罗斯的光辉。这些都是伟大的国家宝藏和艺术品，它们的遗失是一次无法容忍的打击。必须纠正第二次世界大战中巨大的错误，重现遗失的美，在过去的几十年中，重建工作一直在进行着。

我离开了带着近乎超自然光辉的琥珀房，走进了图画长廊。这是一间较大的房间，与整个皇宫同宽，因此两条通道都从中穿过。墙上有130幅油画，大多数油画都是伊丽莎白于18世纪40年代购置的（约有12幅在世界大战中保留了下来），有些画作极其精致，其中包括了荷兰和弗兰德风光，以及海景和神秘的《圣经》中的图景。但是拉斯特雷利把所有的画作都悬挂起来，只是为了装饰而已。他无视画作的主题、创作者以及绘画风格，而是仅仅按照画作的尺寸和色域将画作均匀地、色调平衡地陈列起来。在这里，装饰性战胜了艺术。

我沿着路线往回走，想看看进行中的修复工作。在一个荒废的房间里，一个工人在忙着重新给屏风镀金。这个工人满脸胡须，长头发，看起来像一位东正教牧师。据说他是在修复团队中供职最久的人。我们谈及了他在皇宫的工作，我问他为什么他认为重新创造曾被摧毁的美丽事物是一件值得去做的事，我想知道，已经消逝的美好是否能重生。他沉默了一会儿，我很担心自己的问题冒犯了他。之后，他轻轻地、笃定地回答我说："上帝创造了美，这是他的礼物。而人类将其摧毁，也有责任重新恢复上帝的美。"他的这个解释实际上正是对他生活的辩护，他的眼里泛着泪水。这是一个绝佳的回答。我向他道别，让他继续投身于这神圣的工作中，我也转身走回到被修复得富丽堂皇的房间里。这些房间就是证明。它们在 60 多年前被彻底破坏，现在又再一次焕发生机，就像在 18 世纪 50 年代刚完工的时候一样，它一定会让人感到震撼、真实、充满生气。这里的每一个细节都滋润着人的思维与想象，都激发着人类感官的认知。在这里，情感与智慧都得到了供养。

这座皇宫讲述了太多关于伊丽莎白的故事，它是一件令世人震惊的艺术品，也是对一位最非凡之女性的写照，让人为之震撼！这里虽然美丽，但它巨大的规模却也让人感到阴森、恐怖。皇宫本身似乎承载着让人不安的信息——它是包裹着糖衣的炮弹。但是这里在展示皇室权威的同时，也表明了伊丽莎白对俄国的热爱——她将自己的爱通过建筑表达出来。这是一种最独特的表达方式，让世人知道，美之创造也可以赋予一个国家以文化认同感和艺术自豪感。

蓝天映衬下的
阿尔比主教堂

哥特式建筑的力量与光辉——

阿尔比主教堂（朗格多克，法国）

　　阿尔比是跨越塔恩河两岸的一座历史城市。市中心是
像迷宫一样的红色砖瓦结构的建筑物，历史足可追溯到中
世纪末和 16 世纪。在高高的砖瓦屋顶上，耸立着一个庞
大到让人叹为观止的建筑结构。虽同样是砖瓦结构，却由
于有着矩阵式的塔状结构，使其有着与众不同的简朴、力
量和特别的现代之风。这个建筑常常被误认为是一座雄伟
的堡垒，但实际上，这是阿尔比的主教堂——圣塞西尔大
教堂。这座教堂承载着朗格多克地区传奇的历史，展示了
这里的人民艰苦斗争的故事，以及这座上帝之所的建造者
的一生——几乎是这个人一手建立了这座毫不真实的建

筑。现在，朗格多克是一片平静的土地，但是在 13 世纪，它却有着中世纪历史上最邪恶的一段历史。这个城市曾经被侵略，朗格多克的人民为了保卫自己灵魂的自由而反击，在这场战役中，美被当作了一种政治武器。

在 13 世纪以前，朗格多克并不属于法国，而是受图卢兹伯爵统治的半独立伯国❶。从文化、种族和精神上而言，它与其邻邦加泰罗尼亚和阿拉贡有着紧密的联系。然而，这个地区逐渐滋生出了一支强大的宗教力量，最终导致了灾难。如今看来离奇之处在于，中世纪时罗马天主教派的基督教徒发起的一次最狂热、最血腥的东征并不是针对中东的穆斯林——而是针对欧洲地区同样信仰基督教的人。这群卡特里派❷教徒惨遭十字军肆虐，他们信仰和平、理性，应该受到尊重，但是他们确实挑战了世俗的权威与势力，与罗马天主教堂的真实目的抗衡。不可避免地，他们被定罪为异端并遭到了镇压。

早在 8 世纪或 9 世纪，卡特里派教徒的信仰就传到了欧洲南部，它们代表了一种纯净、完美的创造观。该教派不仅质疑物质主义和罗马教堂的世俗权力，同时指出这样的力量注定会腐蚀——至少会混淆——精神意图。由于受到早期教堂和基督教义神秘论及非物质主义的启发，这些卡特里派教徒放弃了世俗世界的种种诱惑，并宣称每一个个体都有神圣的潜能，每个人都可以与上帝建立私人的、直接的联系，而无需通过教士或是复杂的罗马天主教仪式作为媒介。同时，卡特里派教徒还对传统的《圣经》进行质疑，他们有着让人惊讶的世界观。从本质上讲，他们认为整个物质世界，包括罗马天主教堂，都是对上帝精神创造的劣质模仿，是由撒旦一手建立，用于诱惑、欺骗人类灵魂的一种错觉。

毫无疑问，在罗马天主教堂的眼里，这些卡特里派教

❶ 原文为 semi-independent state，伯国是君主的爵位和称号为"伯爵"的国家，其君主在主权独立国家称为"伯爵陛下"，非主权独立的领地则称为"伯爵殿下"；而大部分都是非主权独立的伯爵领地仅有头衔而已。在中国春秋战国时代的秦国、郑国、曹国等国的君主就是伯爵，如秦穆公和郑文公也分别称为"秦伯"和"郑伯"。在欧洲也同样如此，马克伯国的君主称为"马克伯爵"，与奥地利大公国的君主称号为大公是一样的。

——译者

❷ 原文为 Cathars，音译为"卡特里"。源自希腊文，"清洁"的意思，又名"清洁派"，受摩尼思想影响。1145 年传入阿尔比城，又称"阿尔比派"。

——译者

古画中的卡特里派

徒对其权力和财富的批判是无法容忍的。到了 13 世纪的前 10 年，事态发展到了紧急时刻，因为法国的野心不断膨胀，企图从北部扩张并在地中海占有一席之地，借此扩大贸易并向东扩张。卡特里派教堂很快就因为宗教原因而被摧毁，这片土地上大部分地域面临着被北部势力占领的威胁。我们所熟知的罪恶同盟形成了，侵略之战被披上了宗教计划的外衣。卡特里派教徒被宣布为异教徒，罗马教堂对那些愿意参与镇压的人进行赦免。最初，多米尼克派传教僧团试图通过劝诱和威胁使卡特里派教徒放弃其异教信仰，到了 1208 年，教皇英诺森三世发起了阿尔比十字军——以他们眼中的异教中心阿尔比命名。

十字军的目的就是要迫使卡特里派教徒放弃他们的信仰、加入天主教，否则就处死他们。十字军的中枢是法国以及其他北欧国家势力，这实际上是北部对南部的入侵。在亚拉贡国王被处死之后，伯爵被迫投降，他的宗教信仰是模糊不清的：一方面，由于政策和政治的原因，他要以罗马天主教徒的身份出现；另一方面，他又与卡特里派教徒有所关联，他的支持者中不乏优秀的卡特里派教徒。然而，在他的军事失利之后，伯爵对于卡特里派教徒几乎毫无援手之力，他们只能任北部十字军鱼肉，最好的抵抗方式就是将自己隐藏起来。此次十字军横扫朗格多克，其血腥程度并不亚于在圣地与穆斯林的斗争。卡特里派不得见天日，幸存者也不得不撤退到偏远地区甚至背井离乡逃离法国统治区域。罗马天主教堂和法国胜利了，但是卡特里派的信仰并没有因此而消亡，它深植于教徒的心中。敌人尽管占领了他们的

1208 — 1229 年十字军对卡特里教派进行军事镇压

阿尔比主教堂独特的外观

土地，却也清楚地知道这一点，这让占领者既疑虑又担忧。统治势力和天主教当权者如此多疑、恐惧，使得他们在以后的几十年中，一直对卡特里派施以压迫并建起了残暴的异端裁判所。

异端裁判所主要成员之一就是阿尔比总教区主教，贝纳·德·卡斯塔尼特，正是他下令建造了阿尔比大教堂。1282年，在一所较小的罗马式教堂旁，阿尔比主教堂开始施工，此时卡特里派教徒已经被镇压了几十年之久。但是，从大教堂的设计与建造却可以看出，罗马天主教和法国人仍然感到恐惧和不安。与欧洲其他教堂不同的是，阿尔比大教堂自身就表明了它是这片被占领的土地上的入侵者。它强大、坚固的外观表明了主教的统治地位，并清楚说明，罗马天主教与法国人将一直留在朗格多克。

教堂的墙体极其厚重，是由当地的黏土经火煅烧后制成的坚固砖块砌成，墙的基座进行加固处理，以防御破城锤的破坏。教堂本身是一个宏伟的多面堡，藏于精心设计的外部堡垒之中，教堂四壁是高墙、塔楼以及大门，从大门可以进入城壁或庭院。在北面陡峭的河岸上，主教的宫殿就坐落在重重防御内。它可以追溯到早期对卡特里派教徒实行镇压时，他们从受迫害的家庭中掠夺财宝，建造了这座宫殿。后来，德·卡斯塔尼特将其扩建并加固，形成了一个几近独立的堡垒，再通过一条深深的隧道与教堂相连。这真是一座因恐惧而建、为施恐而生的建筑。

阿尔比主教堂内部

　　我是在一个夏日的午后到达教堂的。斜阳突出了红砖温和的肌理，投射出奇异的光影，一列列拱璧在阳光的映衬下仿如浮雕一般，十分引人注目。教堂本身或许是罪恶的存在，但同时——虽然可怕——却有着雕刻般的美感。我驻足、惊叹。卡特里派教徒将物质之美视作撒旦的诱惑，认为其意在迷惑、挑逗人类感官认知，他们崇尚诚实、秉持清教徒式的简洁，并且蔑视天主教及其奢侈的仪式，但眼前这座庞然大物，尽管优美，却也极其简洁。它确实有着能吸引卡特里派教徒的特点，它将其原材料及建筑方式直接展露于外，所有多余的装饰——比如华丽的门廊等——都是之后再行添加的。德·卡斯塔尼特究竟想表达什么呢？他是试图将计就计，在卡特里派自己的游戏规则中打败他们，将他们的教义注入自己的新教堂中，向人们展示物质世界也可以代表纯净甚至是精神之美吗？现在已没有人知道设计教堂的主石匠之名了，有人猜测他是一个名叫伯恩斯·迪斯科伊尔的加泰罗尼亚人—— 一个沉浸在南部卡特里派教徒（而非北部天主教）文化和传统中的人。当然，与大多数朗格多克老式建筑一样，这座教堂非常简洁。同时，几乎与法国所有哥特式教堂的不同之处在于，阿尔比主教堂没有设计十字形翼部，其平面形状也并非是拉丁十字形。卡特里派教徒之所以痛恨十字架是因为他们认为基督并非被钉死在十字架上。我开始幻想起来：或许设计者本身就是一个卡特里派教徒？这座教堂难道是卡特里派的建筑物？何其讽刺！

与以往不同，通往教堂的主门并不是设置在西端，而是在南面中间，其位置以及较小的尺寸说明，它的选址和设计是为了确保教堂的安全，即把入口的位置放在可防御的庭院内。步行入内，一个奇异的世界展现在我的面前。小小的窗子仅能透进微弱的光线，但比黑暗更让人惊讶的是豪华的墙面设计。实际上，每一面墙都覆有画作作为装饰，其中大多数都采用了 16 世纪早期的文艺复兴风格。同时，这里也有着后来增添的哥特式装饰——尤其是展现唱诗班的 15 世纪屏风以及西端一幅巨大又可怖的壁画，上面画着世界末日审判的情景。其实在最初，这座教堂的内部与外部一样简洁，仅是一个被厚重坚固的墙面笼罩、像谷仓一样的神圣空间。

　　人们决心将教堂修建成防御性建筑，使其与法国同时期的教会建筑不同。13 世纪末期的法国天主教堂大多数都是肋架拱顶结构，墙面大多不能用于承重，这一哥特式风格的精心设计大大降低了墙面的结构功能，因此可以装上大扇的窗户，使得内部明亮、开阔。然而，阿尔比大教堂却与众不同。主扶壁位于建筑物内部而非外部，可以用来支撑中殿拱顶的重量，形成了坚固的墙面，并将中殿中高高的石墩与外墙相连。这种设计的视觉与空间效果都非常惊人，与一般中世纪哥特式建筑全然不同。典型的法国中世纪天主教堂中，中殿两侧至少有一排走道。但是阿尔比大教堂中殿两旁并不是开敞的过道，而是一系列壁龛，这些壁龛现在被用作小礼拜室。这样设计的原因很简单：外部的扶壁通过飞拱与外墙相连，设计者担心其会被侵略者轻而易举地破坏并导致教堂部分拱顶和墙面坍塌。所以，半圆柱式的内扶壁构成了教堂防御体系的一部分。

　　13 世纪，哥特式教堂是展现上帝力量与无所不能威力的方式之一。受到《圣经》经文的启发，同时为了顺应自然，展示上帝创造万物的神奇和智慧——在哥特式教堂中，通过精巧的构思使建筑材料都具有力量。它们是以石头传递的上帝之语——精美的石制建筑外观和比例非常简约和谐，如同乐器一般。从本质上说，哥特式教堂是精心制造的对灵魂升华的考验。然而，阿尔比主教堂却有着巨

阿尔比主教堂中的
《末日审判》画作

大的墙面以及小巧的窗子，事实上是一座非哥特式建筑。这里鲜有阳光——这一给人带来活力和光明的上帝的恩赐。

教堂的内部让人惴惴不安，主要是由于西端的《末日审判》画作，这是目前世界上此类绘画中画幅最大、保存最好的作品，艺术技巧也属上乘。画作于1474—1484年间绘成，与其他末日审判绘画一样，画中死去的人们在世界末日从坟墓中走出来，准备好就其人生接受审判：要么去往天堂极乐世界，要么下到地狱遭受永恒的折磨。然而，这里并未过多刻画天堂，却用巨大的篇幅描绘了作恶者受刑的恐怖画面。实际上，这幅巨大的画作中展现了一群赤身裸体的人被丑陋邪恶的魔鬼以各种令人惊恐的方式折磨的画面。被折磨的人被分成七组，每一组人都犯了七宗罪之一，并要接受相应的惩罚。傲慢之人被车轮碾压而过，身体被带血的尖钉刺穿；一个裸体的女人被迫吞食可怕的食物——显然她是一个贪食者；贪婪者被扔进大锅里烹煮……我盯着这一切，不敢相信这是真的。基督教是多么奇怪的宗教啊！耶稣宣扬爱与原谅，然而在这里——就在这座上帝之所里——却有如此之多关于死者的可怖景象，而这一切正是为了恐吓、警醒和威胁活着的人！

这幅与众不同而又生动的末日审判绘画充满了复仇感、仇恨感，无疑反映了15世纪晚期阿尔比的社会氛围。罗马天主教堂一定仍然害怕卡特里派教徒依然秘密存在着，因此需要一直警告阿尔比人民：如果他们身为异教徒，那就是一种罪孽，会遭到严厉的惩罚。该绘画的另一特殊之处在于，图中并没有耶稣和使徒 ❶ 对死者进行审判，这一疏漏使得绘画看起来像是俗世中的酷刑总目一般。实际上，这是因为后来一位主教从基督像的中间开了一扇门，因此挪走了整幅画中的核心及可取之处——甚至是整幅绘

❶ 原文 Apostle，意为 "担负使命的人、传递信息的人"。在基督教中，它是一个特别的宗教头衔，最早用于耶稣所亲自挑选的 12 名门徒；之后用于经圣灵拣选、负有特殊使命的人，类似于先知；也包括了圣保罗等早期的教会领袖。

——译者

阿尔比主教堂
细部

画的灵魂所在。这些阿尔比主教们可真是了不得啊！德·卡斯塔尼特似乎成为了中世纪虚伪的教会反派的典型，他用自己的行为证明了卡特里派教徒对于天主教堂的质疑并非空穴来风。他贪恋世俗的权力与财富，贪图肉体享乐，为满足一己私欲为所欲为。如他的敌人所说，他喜欢虐待、杀害年轻的女囚。他的统治越来越残暴，教堂围墙随之越建越高，其资金都是从当地百姓处勒索、没收而来。难怪德·卡斯塔尼特一直生活在恐惧与厌恶之中，这座教堂也一定仅仅被看做他权力的象征——邪恶的象征。

　　在大教堂竣工之前，主教教区的人民就开始反抗他们深恶痛绝的主教，并请愿法国国王甚至是罗马教皇对德·卡斯塔尼特进行调查和惩戒。很明显，在他们看来，这些势力即使同样也是敌人，也比德·卡斯塔尼特善良得多。但是国王或天主教会并未采取任何正义之举。1308年，德·卡斯塔尼特在阿尔比的统治最终被推翻，但并未因其滥用职权的行为接受公开惩罚。1316年，他甚至被教皇约翰二十二世晋升为红衣主教。天主教会原谅了德·卡斯塔尼特的所作所为，却没有宽恕阿尔比人民。即使在卡斯塔尼特离职之后，异端裁判所却一直保留了下来以确保社会秩序。人们的财产仍会被没收，只为保证大教堂能够完工——该工程历时 100 年之久。如果异端裁判所确认某个人生前曾是异教徒，那么他的尸体就会被挖出来，再执行绞刑或火烧。教堂里的画作《末日审判》中展现的一些可怖画面就曾在阿尔比街头上演。

我穿过塔恩河，借着月光凝视这一雕塑品般的庞然大物。或许这座教堂是在痛苦和鲜血的基础之上，作为恐怖与镇压的手段而产生的，但是建筑本身却包含了其他的内容。不论德·卡斯塔尼特认为自己在做什么，他都完成了一项宏伟巨著。其雕像般抽象的外观代表了一种精神力量—— 一种美——它展现了事物的本质并超越了其建造历史本身。这是人类创造的巅峰，可与大自然的力量媲美，是上帝以神奇手法完成的作品。

远观太阳神庙

神圣性能量之丰碑——
太阳神庙（格纳拉克，印度）

　　我到达印度东北部的奥里萨邦，只为一睹这个国家最令人震撼、最为华丽的庙宇。它世世代代屹立在孟加拉湾并一直是其最重要的建筑。除了它的建筑光辉以外，这座庙宇也在观察者身上产生了一种迷人的、难以忘怀的效果——它让人迷惑、让人震惊，甚至让人毛骨悚然。它被称为世界最美建筑之一，同时也是最淫靡的建筑之一。但是有一点是毋庸置疑的，那就是，这座庙宇是性能量的一座极佳的丰碑。它于 13 世纪中期由国王纳拉辛哈·德瓦一世所建，这位国王是印度著名的君主，他的权势浩大，为奥里萨邦带来了稳定和繁荣，也使穆斯林入侵者毫无可趁之机。

　　一段长长的旅程之后，我终于到达了庙宇。呈现于我眼前的，是高于树端的巨大的金字塔以及精心雕刻的石头。这是庙宇的有列柱的主厅——或者称为曼达波，虽然它如此巨大，却也仅仅是庙宇初始建筑的一部分。在主厅旁一块同等高度的底座上曾坐落着一座70米高的球状塔楼，俯瞰整个主圣殿。正是这座塔楼的外形——如今仅有底座和一部分碎片幸存下来——使得第一批来这里参观的欧洲人称之为乌塔。但是，早在300多年前欧洲人首次记载这座庙宇的时候，它已经仅存残垣，这都是奥里萨邦王位变迁、自然灾害以及印度与穆斯林之间长期争夺印度东北地区的结果。最早期的欧洲人对于神庙的描述仅限于震惊和愤怒——这些观光客都因眼前的景象而感到恐惧、迷茫并受到挑衅。他们惊讶于神庙之美，却无法理解或容忍它所表达的含义。1858年当奥里萨邦一位长官G.F.科伯恩看到神庙残骸的时候，他曾说："寺庙外观上刻着的野兽般的行径会挑起人的性欲，这里所有残存的建筑都应被夷平。"

　　一些精心雕刻的画面仍旧让人惊叹——画面上或两人、或一群人一起进行各种性行为，这至少表明这座丰碑创建者想象力非常丰富——实际上应该是非常炽热的、能刺激人的想象力！出于非常明显的原因，人们通常认为这些与性相关的雕刻是为了展现印度爱经中对性行为的描述——印度爱经是印度教圣人筏蹉衍那在公元100年左右所编撰的爱之格言。实际上，这些图景只有极少的部分与筏蹉衍那所描述的相吻合。那么，这一具有惊人力量的神圣建筑究竟想传递什么信息呢？现在，依旧无法得出一个统一的结论——神庙仍然是一处神秘之地，正是由于它的神秘和它醒目的图像才使得众多游客趋之若鹜。

太阳神庙曼达波

步入神庙，自东面向金字塔形的曼达波走去。我首先看见了一个十分结实的建筑，它与曼达波在同一轴线上。这是一个单独的舞厅兼祭献厅——也就是所谓的博格曼迪尔——里面有一个平台，平台位于一个高高的底座上，周围是椭圆形宽边支柱，最初平台上有石顶遮盖，如今石顶已不见了踪影。整个建筑都是由石头砌成，底座和石墩上面有一层层精美雕刻的画面——舞动的少女和音乐家们。显然，从功能和目的而言，仪式化的舞蹈——既神圣又世俗——都是神庙中最重要的一部分。在舞蹈厅的南面，是神庙厨房——对于一个朝圣之地而言，厨房至关重要。紧靠舞蹈厅西面的则是曼达波，最初曼达波后面还耸立着尖塔。我拾阶而上，回望舞蹈厅，这是多么神秘的地方啊！唯一明显之处在于：这里的一切都不似表象。庙宇自身就藏着秘密，我一定要从中找到蛛丝马迹，揭开它的奥秘。实际上，眼前就是一条线索：当我从曼达波望向舞蹈厅的时候，我发现自己面朝朝阳，朝向新生、新的一天。醍醐灌顶。庙宇是为了敬奉苏利亚——这位太阳神而建造的！我绕着平台来到圣殿的残垣，太阳神的各种肖像仍然保存完好——有年轻力壮的样子，也有化身骄阳的样子。太阳神是炽热之神，他给人类和动物带来热情，是温暖植物、带来生命与成长、让生物繁衍生息、硕果累累的源泉，他给万物带来生机与活力。因此，这里的一切设计都基于繁衍这两个字——所有的图像都象征着阳光之创造力和繁衍力。庙宇中大量性爱图像的一个解释是，它们是在赞美人类繁衍的方式，即性的结合，人类正是通过这种方式实现神所赋予的创造力。

　　但以上的猜测——就算只有部分是正确的——也未免太过简单了。很多图像中的行为都明显不是为了繁衍生息。因此，还有更多内容有待探究。另一个线索便是神庙本身

太阳神庙中
雕刻的车轮

　　的复杂性。神庙的主体部分，即支撑着曼达波的平台被看
做是太阳神的两轮战车——他的拉塔——即太阳神从黎明
到黄昏划过天空的乘骑。为了突出这一点，平台上被饰以
巨大的车轮，并由昂首的战马所牵引。平台共有 24 只轮
子和 7 匹战马，这两个数字在印度神学里非常重要。轮
子被分为 12 对，根据印度教传统，人们一直认为这代表
每年的 12 轮新月、12 轮满月以及 12 个月；7 匹战马代
表一个星期里的七天。除此之外，每一个轮子都有 8 块
轮辐，以代表印度教一天中的 8 个分区。平台南面车轮
上的大轴心起到日晷的作用，用车轮框上雕刻的石球记录
下了时间的流逝。每一个轮子都是一只日晷，随着寺庙中
光影的移动流转记载下时光荏苒，纱车和轮子记载着生命

的轮回。神庙不仅仅代表太阳神的神骑，同时也是一架时间机器，或者说是游离于时间之外的魔法装置，奔向永恒。所有这一切都是围绕太阳而建，它在白天围绕神庙转动，是神庙上雕刻图案的灵感来源。

神庙的宇宙性在一组雕刻品上有很好的体现，这些雕刻品曾装饰在早已坍塌的塔上面，如今则被放在北面的一座小神龛里。我走上前，进入一个小房间，发现很多 13 世纪的雕刻画，非常令人震惊。这些画作以拟人的形式展现了印度教宇宙的 9 个天体 ❶，有火星、水星、木星、金星、土星、罗睺星或海王星（手持新月和太阳）、计都星或冥王星 ❷（手持刀剑及火炉）、月球以及太阳（双手各持一朵莲花）——虽然太阳并不是行星。其中一些画像的象征性和意义并没有定论，但人们普遍认为罗睺星和计都星是"恶魔"或者黑暗星球：罗睺星则因其脸上锋利的毒牙被看做日食之神，因为他吞噬了手中的太阳和月亮。计都星手中的火炉是神圣的卡拉沙——代表着孕育生命的子宫，里面藏着的仙露能带来永恒；而宝剑很可能代表男性的力量和阳刚之气。根据印度教传统，太阳手持的莲花是女性生殖的象征，代表外阴部，也属繁殖之意。

神庙的涵义越来越清晰——体现了天堂、天体以及它们赐予的繁殖力和性能量的创造力。我回到初始的地方，来到了舞蹈厅，再一次爬上了平台顶端。这是一块方地，但是只有一小片空间可供那些女孩——即神庙舞女跳舞。

❶ 原文中此处的 9 个天体，应该是古印度占星术中被统称为九曜的星体。其中 7 个星体是实星，真实存在、肉眼可见，即太阳（日曜）、月亮（月曜）、火星（火曜）、水星（水曜）、木星（木曜）、金星（金曜）、土星（土曜）。还有两个是虚星，是古代天文学家想象出来的虚拟天体，为罗睺星与计都星，分别代表着月球轨道与黄道升交点和降交点。此外，九曜的名字与形象分别以印度神话中的人物代入。

——译者

❷ 因海王星与冥王星为肉眼不可见，古代神庙中应该不会出现象征物，所以此处的"或海王星""或冥王星"可能是作者的一种代入理解或误解。

——译者

❶ 原文 Brahmins，婆罗门为执行祈祷的祭司贵族。印度四大种姓中，最上位之僧侣、学者阶级，为古印度一切知识之垄断者。

——译者

❷ 原文 shakti，在印度教中是最基本的宇宙能量，代表了推动整个宇宙的动态力量。

——译者

❸ 原文 Tantric，密教的梵文，原意是"编织"，引申为"原则、体系、教条、理论"等意，是指纺织时的经线，重述万物归一的哲学。其对于整个亚洲的各宗教有着深远影响，其中以对佛教与印度教的影响最大。在南亚宗教中师徒秘传的教派也被称为怛特罗。

——译者

这些神庙舞女在印度教神殿中有着举足轻重的作用。她们大多数人是在童年的时候就被带到神庙，由婆罗门 ❶ 家庭养大或是因为家里无力抚养而被献祭，一生为神灵和人类服务。她们往往与自己所供奉的神灵联姻，但也会侍奉教士。她们是为维持世间秩序而舞，这正是雕刻画中展示的画面——舞动的舞女，她们会摆出神秘而神圣的舞姿，并随着行星运行的节奏踏步或旋转。神庙里舞女和女教士存在的历史由来已久。最初，神明与世俗之间、神明与性能量之间都密不可分，根据巴比伦以及美索不达米亚苏美尔的早期文明记载，在现代的伊拉克就有着源于公元前18000 年的描述，里面记载女教士在爱之神殿性仪式中献身的事迹。原因很简单：性能量是一种奇迹，是性高潮所带来的奇特的、巨大的能量，是性结合的创造性成果。在仪式中，女教士会展现出女神的力量，会体验到女性能量的精髓，将性爱所带来的能量——热情、欢愉、情感以及洞察力——从女神的国度中带到人类世界。男性则通过女教士与女神神交，从而得到升华，得到新生。这就是所谓的"人神结合"（详见《从良妓女玛丽的秘密》之《神庙中的性爱：庙妓传统》，南希·夸尔·科伯特著，丹·波尔斯坦、阿尼·凯泽尔编辑）。同样的故事在格纳拉克也有所发生，从墙上满布的色情绘画便可以看出。只有通过对这些绘画进行研究，才能明白这座庙宇是为了展示女性的力量——即性力女神夏克蒂 ❷ 和女性身上所体现的活力。

这里所呈现的女性力量是探索神庙意义的另一个线索。但是，要了解更多，就有必要追溯到大约 800 年前的印度教信仰。当时，怛特罗密教 ❸ 活动在印度教里颇为盛行，他们把身体看做一个微型的宇宙——宇宙的影像——并且相信,感觉与情感并非信徒们需要跨越的障碍,

恒特罗教派崇敬
女神金刚瑜伽

而是人类最强大的力量，如果对其施以引导或控制，便可以发挥出一种精神潜力以造福于个人和整个世界。恒特罗教徒崇敬女性力量，将其看成是伟大的生命馈赠者，同样也崇敬女神金刚瑜伽，因其展现了女性的智慧和能量。自然而然地，恒特罗相信性结合近似于一种精神上的喜悦之感，同时，与几千年前的美索不达米亚人一样，他们相信性高潮以及释放出的力量可以为其开启通往神域之途，与神明神灵合一，两者结合为共同体。由于这个原因，神庙的舞女必须成为女神金刚瑜伽的化身，与教士和神职人员——即云游僧—— 一起创造神力。由此邂逅出生的孩子们也必须进入神庙中，作为舞女或者侍从来侍奉神明。

800 年前，恒特罗思想的两种学派影响了印度教，其中一种学派较为激进，被称为"左学派"。这个学派挑战大多数已有的印度教义，背离传统。他们认为最低方可见最高，并提出了五种方式来敬奉神灵，其中一种方式便是性结合。同时，他们延续一种古老的信仰，认为阴茎与性绘画有着超自然的神力，可以保护生灵不受邪恶——魔鬼、疾病或是灾荒——的侵害。如果说恒特罗的这种非同寻常的思想正是神庙墙上壁画存在的原因，那么这里的一切存在就都有了理由，神庙的秘密开始浮现出来。

恒特罗将古老的宗教活动——包括万物有灵论和魔法——与印度信仰结合，这与内容丰富又神秘的密宗佛教有着相似之处。信仰之一便与体液的神圣相关。它们无比

印度教三大神——
梵天、毗湿奴、湿婆

神圣，代表着生命。孩童因男女体液混合而生，又长于体液之中——根据一些古老的仪式，消耗一定量的体液是精神升华的一种重要方式。消耗体液意味着经历新生，这是加入家庭、加入团队以及宗教组织的方式。在印度教的创造史中，体液也起着重要的作用。随着一片奶白色乳海的翻腾，神灵们出现，从而展开了正邪之间的最初斗争。乳海翻腾正是因为神魔之间的浩大战事，他们拉扯着一条巨大的犹如阴茎一般的蛇，以期获得乳海翻腾后产生的不老神药。乳海的翻腾还造成天女的出现，她们现身于奶白色的水面，展现出无穷的魅力以吸引魔鬼，使其失神而最终战败。这则印度教的典故旨在赞颂女性的吸引力，因为她们并非为了魅惑圣灵，而是为了打败魔鬼。

一旦明白了怛特罗对于体液神圣本质——其升华力——的信仰，那么神庙内的各种令人迷惑的绘画也就有理可循了。他们并不仅仅是为了满足对方需求，而是提供享受或是给予神之盛宴——即神圣的甘露，生命之源。正是通过性液，生命才得以延续——这才是真正的不老神药。

我认真地观察神庙墙上所雕刻的令人惊异的图案，金字塔上层的很多绘画都有如真人大小甚至更大，而在平台两侧的却只有 1 米左右，还有一些看起来更小，只是微型人像。那些珍贵的"蜜露"被提取或是分配的方式让人陷入遐想，我们不得不惊叹于这样的创造力，更不必说其中的技巧了。一些图片中有三个人同时参与性结合，但大多数图片中只有两个人。根据印度教术语，这些体现力量和两性平衡的绘画被称为马修纳斯，类似于极其灵验的护身符。根据印度教信仰，动物的灵魂处在云游之中，在这里也有所体现。我看到一幅绘画，一位若有所思的年轻女子在给一条狗提供圣餐——很显然，她是在帮助一个在路上的灵魂。之后，我发现一幅图中，一位妇女在向祭坛供奉

太阳神庙墙上
雕刻的图案

体液，上面生着圣火。这是提供给怛特罗神灵的重要祭品。还有一副反复出现的主题：一个女孩被一条巨蛇死死缠住，这条巨蛇可能是——也可能不是——她的下肢。这必然象征着生命力，旋转燃烧着的火蛇缠于脊柱下方，脊柱穿过六大轮穴——或者叫能量中心——最终到达脖子上的轮穴处。这正好象征着性能力受控后所具有的升华力，一旦正确释放出来，就会获得精神启蒙。很多形象是以"具"——坐禅或冥想时的线形图案——的形式出现，而其他的图画中，妇女摆出怛特罗的姿势——称为马德拉——这种姿势仍广泛应用于神舞当中。

的确，这是一座很难理解的庙宇，又与人们所认为的神圣相去甚远——即使是在它被创造的年代，很多人也会对其产生误解。印度教圣书《摩尔婆罗多》15 世纪的一个版本中就愤然称，格纳拉克神庙"极尽淫秽之能事——所有的淫秽片段都来自于印度史诗"（莎拉·拉达，引自《格纳拉克》，托马斯·唐纳森，2003 年），这在某种程度上是有意之举。筹建这所神庙的教士们并不想让自己的秘密人尽皆知，他们更愿意将其隐藏在层层迷雾之下。只有那些明智且开化的人才能够领会神庙中所蕴含的力量、所镌刻的信仰——怛特罗教徒明白，这些信仰很容易遭到误解。他们对此做出了如下解释："善以治善，恶以惩恶。为愚人所不为，与你的神明合一，无所畏惧地享乐。莫怕，你将无罪。"（详见《宗教与伦理百科全书》，第 12 卷，1928 年，詹姆斯·海斯汀著，第 196 页）贺加瓦拉密续❶ 则更为明确：能者可通过束缚恶者之物挣脱世俗捆缚。世界充满贪欲，你可以被同样的贪欲所释放。神庙极其清晰明了地展现了怛特罗派关于对立之物的理论，即最低处见最高，自由的性才是通往精神解放与启蒙的道路，身体与情感的潜能要充分利用，方能达到精神上的高潮。

❶ 怛特罗密教的经典被称为"密续"。

——译者

曾被世人误解的
太阳神庙

这座神庙的结局也是神秘之处。早在 17 世纪早期，它就已经成为了残垣——遭台风毁坏，而后被看做不祥之物遭到遗弃，也许是被它自己的信徒所遗弃。到了 19 世纪早期，很多结构已经被埋在了风沙之下，而金字塔曼达波也摇摇欲坠——如今，它由一个巨大的内部结构所支撑，占据了它内部所有的空间。更为紧急的情况是，当时格纳拉克神庙将成为此类神庙的最后一座。在战胜入侵的穆斯林之后，国王下令建立神庙，但伊斯兰教最终在此盛行，这些建筑物——上面装饰着性交的人——被他们看成是盲目崇拜、是对神灵的冒犯。因此，这座神庙代表了一个了不起的文化巅峰以及衰落。

我坐在神庙花园中，凝视着眼前巨大的建筑。这是一座雄伟的庙宇—— 一个强大、沉睡的巨人。曾矗立在金字塔顶的石壶卡拉沙——它象征装着不老神药的容器——早已消失不见。这个庞然大物现已破败不堪，让人心酸不已。然而这里的神圣之力虽有所减退，却不曾消失。人们都被其精妙绝伦、美丽而又神秘的建筑所吸引。不同的人赋予其不同的涵义——恶者见恶，净者见净。我看着游客仔细地欣赏神庙中令人目眩神迷的艺术，似乎所有人都被这座欢娱之庙深深吸引，这座庞大的建筑物展现了一种信仰：性力量所带来的不仅仅是肉体愉悦和新的生命，还有精神的释放，是通往救赎之路。

乐山都市风光

大石佛唤醒自然之美——

乐山大佛（乐山，中国）

　　乐山坐落在一片文化与精神都处于两个世界交汇处的
土地上，其在文化与精神上是与世界相连的。虽然地处中
国西南地区的四川省，却处于印度、中国及尼泊尔文化上
的交界地带。商贸之旅，即闻名世界的丝绸之路，就途经
四川，它不仅仅在商贸上将中国与印度以及西方联结在一
起，同时也是古代世界中传播思想与宗教的主要通道。在
公元 1 世纪，商人们与云游僧正是通过丝绸之路将佛教传
入中国的。佛教——因其对自然之力的赞颂，对和平的信
仰以及冥想的习惯——很快与中国崇尚自然的道家融合，
此后，这种融合后的宗教开始发展开来。此行来到四川，

我就是为了欣赏这种融合的产物，它是连接精神与物质世界的桥梁，用美和尺度来刺激想象力，颠覆感官。

但首先，我要研究一下乐山市的乐趣所在。乐山坐落于岷江、青衣江和大渡河的交汇处，是一个大而繁华的地方。因为对于四川世界闻名的辛辣美食略有所闻——我猜，这是喜马拉雅文化与中国文化的融合——我带着期待步入一家街边餐馆。我坐在专为儿童设计的小塑料凳上，视线越过面前的一张饭桌——离地面仅几英尺高。这种感觉太奇怪了，就像身处"疯帽子先生"的茶话会一样。我正为这里如此奇特的设施感到迷惑时——这里的人并没有这么矮——服务员给我递来了菜单。我点了这里最有趣的菜肴，满心期待。

乐山仿古石刻
佛像主题公园

第一道菜是一碟烤鸡爪和一些小头骨。我问服务员这些头骨是什么，答案是"兔头"。第二道菜上面撒满了红辣椒、蒜片和一些肉末，我尝了尝，好吃但很辣，嘴几乎都麻木了，像挨了一记重拳。这是什么菜呢？原来是蜗牛。接下来的第三道菜与第二道菜很像，但这次是兔子胃部的肉。紧跟着分别上了烤鸭舌和鸡冠。我每样都尝了点，之后开始解决"兔头"。下巴部位的肉非常多汁，舌头的味道也棒极了。这道带辣味的美味制作精细，在调料的使用和混合上可谓创造力十足。确实是味觉上的一大享受。在我用餐的时候，街上已经聚集了一群人，他们看着我狼吞虎咽，互相点头。估计我还不算什么笨拙的野人。我向好心的餐厅老板致谢，然后起身离开。的确，我的想象力彻底被激发，而这，仅仅才是刚刚开始。

我走过一座桥，三条河流在桥下汇聚，十分湍急；眼前密林覆盖的山峰轮廓清晰，与一座座庙宇辉映。这里就是圣地了。我的目标是一个与众不同的主题公园❶。当我越走越近时，前方的悬崖石壁将此主题清晰地展现于我眼前：这是一座巨大无比的卧佛，大到让人很容易就对其视而不见。若不经意地看一眼，会把石佛的头部误认为是自然景观，因为头部和腿部被一簇簇的自然植被❷分隔开来。这座公园是 20 世纪 80 年代末期，在中国政府允许宗教回归之后建造的，内含 3000 余尊大大小小或雕刻或绘画的佛像。从表面上看，这个公园的建造目的仅仅是为了发展旅游业，至少是 1994 年开园时的目的。然而，这里的佛像都是经由工匠们精心锻造的，很多都规模巨大，就着山形地势而建。我看着这些与我一样的游客，很显然他们喜欢这个地方，这是意料之中的事，因为这里有如此众多笑容可掬的佛像，这些佛像有着一种内在的精神吸引力和一种美感。这些佛像都令人感到愉悦、平静、安详和快乐。

❶ 该主题公园名为"东方佛都景区"，又为"仿古石刻佛像主题公园"。

——译者

❷ 据说这些植被在石佛设计建造时是被考虑为"象征袈裟披盖佛身"的意义。

——译者

愉悦平静的
乐山大佛

乘船瞻仰
乐山大佛

也许最初这里是作为一个主题公园为游客而建的，但还有许多来此的人是佛教徒，他们是为了拜佛而来。这座公园，这座佛教艺术博物馆在慢慢地改变。它逐渐变成了一个真实存在的事物，成为了世界最大的佛像所在地。似乎宗教已经悄悄地以旅游胜地作为掩护，回归到了中国人民的生活中。

然而这样一座主题公园——尽管奇特——在乐山却仅仅起到了抛砖引玉的作用！在它的旁边，望过宽阔的河流和湍急的河水，就可以看到另一个佛教纪念碑。这是从古至今最为宏大的一座石佛雕像——乐山大佛。这座佛像始建于713年，但不知为何，这座71米高的佛像历时90年才得以竣工。然而，佛像的体量要远远大于高度，因为佛像是坐姿，整座佛像以一整块岩壁为背景雕刻而成。我乘船来到佛像前首次瞻仰，巨大的佛像赫然显现于我面前，大佛的手置于膝盖，表情庄严又慈悲，平静地望向西边，望向落阳。佛像确实有着一种极致的美——诱人而又神秘。对于一件如此劳神费时的雕刻品而言，所有的一切——包括比例、构造、细节——都有着特殊的意义。但究竟是什么意义呢？我走下船，来到大佛脚边，他就在我眼前，如此宏伟、如此非凡！由于是阴天，他的头高耸入云，消失不见。这景象实在让人惊叹！

希达多·乔达摩——佛陀或顿悟者——于公元前2450年左右辞世，自那之后佛教进入一个鼎盛时期，而这座巨石佛像正是始建于这一时期。通过自我牺牲、苦行以及冥想，他获得了顿悟，这是一种突然觉醒或是意识爆发的状态。据说，这种顿悟使得他可以看到过去、现在和未来，可以去了解自己、了解人类本性、了解宇宙。他意识到，所有的人都有获得顿悟的潜能，所有人都可以成为佛陀并创造积极能量，即帮助宇宙的能力。通过顿悟获得

乔达摩像

了智慧和能量之后，佛陀开始布道并吸引信徒，这些人把自己规划到宗教团体之内。他教诲他们不能一味地追求顿悟，只需要明白人类存在神圣的潜能，而后再学着如何去利用它。

佛陀的信念很简单。他提出的"四圣谛"描述了人类的现状：生活是遭受痛苦，这种痛苦是由不现实的世俗贪欲所造成的，要逃离这种使人悲痛、阻碍精神成长的痛苦，人必须要学会放弃欲望。佛陀称，这是可以通过"八正道"实现的。八正道包括正确的态度、行为、生活和冥想，它让人们摆脱因果报应（即所有行为均可产生不同的后果），摆脱业（即佛教信仰中灵魂在六道当中生、死、重生的永久轮回）。重生是由因果报应所决定的，在这个过程中，所作所为终会有相应的后果，这个后果可能是不幸的，因为六道中的三道，即饿鬼道、畜生道和地狱道，是人类所不期望到达的地方。好的因果报应中的重生是在另外三道，其中包括人间道，在这三道中人们有可能得到涅槃，即永不再与尘世有任何瓜葛，印度教称之为轮回中的解脱。人们可以以此从轮回中解脱，并与宇宙的圣灵、与造物者合二为一。

不仅仅是大佛的修建有其神秘色彩，其具体涵义也是一个谜。据说，一位名叫海通的和尚为了修建大佛而不辞辛苦筹集募捐。他努力建造这样一座庞然大物的目的不得而知，有人说是因为他看到当地渔民与大水抗衡的疾苦，借助大佛来震慑当地邪恶的水神。我却不这样认为，一定有其他的原因。那么，究竟是什么原因呢？

我一边走，一边研究这尊从规模和建筑技术而言更像是建筑物的佛像。对于佛像的基本维度我略知一二：高71米，脚宽32米，肩宽28米，头高15米，耳长足足有7米——耳垂非常巨大。我一面看一面凝神思考，的确，

佛像的结构比
例非常和谐

乐山大佛眼神中带着一
种超然的福祉与慈悲

耳朵很重要。大大的耳垂反映了东方的理想之美以及精炼、成熟的灵魂。当然，耳朵是整体结构的基本组成部分。头部约有耳朵的两倍长，肩膀约是头部的两倍，而整个身体几乎又是肩宽的 2.5 倍。整个佛像的比例是呈 5：2 的矩形——由两个半正方形组成的矩形，头部占据整个身体的 1/5，耳朵占据 1/10。这个比例使得大佛看起来达到了和谐的理想之美，每一个小部分之间的比例非常协调。几何的比例造就了一个曼荼罗——这一神圣的图像有助于冥想。这是一曲颂歌，是神圣的咒语。我开始明白了，这一尊大佛正要开始讲述，揭示它的建造目的——源自过去的述说，多么令人激动！它是通往启蒙的窗口，是通向涅槃的大门。

但是，为什么要将佛像修建得如此巨大呢？从修建之初，人类就有意把他修建得巨大无比。很显然，尺寸很重要，而且似乎是越大越好，越大越美。在崇尚精神而非物质的时代，偏好这么巨大的佛像似乎有点奇怪，出乎人的意料。如今，没有人能清楚说出他究竟象征着什么，但有一点可以确定：从某种意义上而言，佛像的巨大是为了揭示佛陀容海纳川的能力。他要比任何事物都要宽广、威力无边。这种巨大是用来唤醒这种意识，用来向信徒们展示宇宙的涵义。很多的佛教经文都认可这一说法，包括大乘佛教观点中的佛之三身❶一样：其中之一是"应身"，他和世间所有凡人一样；其次是位于净土❷的"化身"；最后，是他如宇宙般浩瀚的神通力所变的"法身"。我眼前的这座一定就是他的法身或者化身。我靠近大佛头部，以研究佛像细部，每个细部似乎都在讲述着什么。他的眼神中带着一种超然的福祉与慈悲，俯瞰他脚下的信徒，注视着河中劳作的渔民。他的头发是一个个的涡状发髻，像是一个个的佛塔或者神龛，都是冥想的集思。他的眉心有一个红

❶ 大乘佛教理论中佛具有的三种身，各经论所举三身之名称与解释不一。一种说法是三身包括法身、报身、应身。

——译者

❷ 原文 paradise，化身佛经过修习得到佛果，享有佛国（净土）之身。

——译者

色的小圆点，象征着智慧，大佛的头部上方是一个凸起——顶髻——是宇宙意识的象征，也是灵魂通往涅槃的大门。

　　当朝拜者攀登到这个高度，他们一定以为自己身在天堂，在下去之前他们会到附近的寺庙去。我也来到了寺庙，这是一处美丽的地方，一项仪式正在有序进行，和尚们诵着经，敲打着简单的打击乐器——贝壳、钹和钟。我找到了住持，他是一位和蔼健谈的人。我小心地与他交谈，询问了大佛姿势的象征意义。他回答说，这表示佛祖一直就在我们身边，等待回归世界。真的是这样吗？那么，这是怎样的一尊佛陀呢？他回答我说，这是弥勒佛，掌管未来之佛。我疑惑不解，我问他，通常弥勒佛都是一尊微胖的笑佛，笑看世事，为什么这一尊弥勒佛与众不同呢？住持笑了，看起来恰似一尊弥勒佛。我意识到自己提出了一个愚蠢的问题，佛祖本身就充满着惊奇，不是么？那么，佛祖什么时候会回来呢？我又问道，住持说，当世界做好了准备，当现代的佛教衰退之时，当曾经的教义几乎被遗忘之时，佛祖就会归来，并迎接一个新的纪元。这一切看起来更像是基督教的千年轮回，基督耶稣在世界末日回归世界，打败撒旦，引领人们来到新的耶路撒冷。我想起了不丹一位怛特罗密教佛教徒给我讲述的东西，所有的巨佛都是对未来之佛的描绘，是为了告诉人们，待佛陀归来之时人类将不只在精神上变得无比渺小、肉体也是如此。我问主持，现在佛陀在哪里，他又会在何时回归呢？住持告诉

为大佛做
清理工作

❶ 原文 Paradise，佛经记载乃"欲界六天"之第四天，兜率天，是弥勒成佛前之居处。在中国应替换为佛教中相关用语，如天界、净土、西天、西方极乐世界、西方净土。此处应选择"天界"。

——译者

我，他现在在天界 ❶，会在 56 亿年以后回来。啊，又是一个佛教喜爱的让人惊异的宏大概念。我问了住持最后一个问题：当他看到佛陀的时候，会看到什么。会看到一个活生生的人，住持说。

　　我与住持道别，离开寺庙，回到了崖壁边。这尊佛像关乎着未来——当世界走向末日时，他就会回归。从大佛头部的状态就可以看出这一刻宜早不宜迟。2001 年，大佛头部进行了翻新，但如今已再一次被严重污损了。脸庞上显得泪迹斑斑，主要是由于大量煤炭的使用导致环境遭到破坏，随之而成的酸雨使得砂岩中的矿物质大量流失——大佛便是由砂岩刻成，因此也会遭到腐蚀。当我凝视这尊宏伟的大佛时，一群人从他的头顶放下了一挂绳梯，一直垂到大佛肩上，他们是为大佛掸扫灰尘，清理泪痕的。很显然，这种保护措施并未起到很大的效果。然而，尽管现代社会给大佛带来了破坏和伤痕，但他看起来仍然风采依旧、威风凛凛——只是更为悲伤、更为坚毅。在我观赏的时候，我突然意识到这尊佛像真正的美并不在于躯体，因为这一雕塑并非传统之作。他的美更见于自然，也更为恢弘。佛像倚岩壁而建，面朝汹涌的河水，以绿树为廓，这些自然之美让佛像产生了令人敬畏的感觉。这尊佛像有着海纳百川的气势，同样也是力量、美和自然之智慧的化身。这个了不起的创造物象征着世界——由于环境污染、全球变暖及对自然资源毫不节制的开采，这个世界如今已是岌岌可危。我可以看懂这尊未来之佛的沉思、严肃的表情——他以过去之名警告世人，未来已岌岌可危。当我驻足沉思时，仍然可见微小的身影在清理着大佛的泪痕……

连接
Connections

英国于 19 世纪在孟买建造的哥特式建筑

印度拥城中残存的乐观——

达拉维（孟买，印度）

　　印度西海岸的孟买是世界上最迷人、最热闹的城市之一。这座城市有着极为独特的历史——它从海边一座古地延展开来，这里曾是湿婆的圣地，由大片的海滩、小片的岛屿以及湿地组成。几千年来，这一地区都是渔民的故乡，直到 16 世纪被葡萄牙人占领。然而，葡萄牙人并未发现这一大块滨水区域有什么用处，于是，他们把它作为公主布拉甘萨与英国国王查尔斯二世 1661 年联姻的嫁妆，送给了英国。英国人意识到了这片土地潜在的贸易价值，在后来的 100 年中，把孟买（当时的名字）以及其他两座城市——加尔各答和马德拉斯—— 一起，变成了重要的城市堡垒。在这里，他们在印度建造出了一个最终处于英国统治下的帝国。尽管这在 18 世纪晚期是一座巨大的港口城市，但孟买却是在 19 世纪下半叶才进入黄金发展期。人们慢慢开始围海造陆，城市快速发展，从而形成了现在世界上最美丽、最成功、最重要的港口城市之一。

　　孟买的雄伟、壮丽、富有吸引了许多人来到这里，他们中有穷人也有富人，有印度本地人也有欧洲人。当穷人来到这里时，这里的经济状况令他们神往。但是他们——至少在最开始时——却无法成为其中的一分子。这就形成了一个恶性循环：在找到正式工作之前，他们无法承受这里高昂的住房费用，而只有找到了一个稳定的住处，他们才能够谋到职位。所以，穷人只能住在一些空旷、恶劣而废弃的环境中，比如极小的小溪或者沼泽中——通常都是悄悄住在那里，因为这是非法的——市中心的污水就排到这些地方。孟买的贫民窟开始与富人区或者世界上最特别的建筑区如影相随——穷人和富人比邻而居、互相依附，却过着截然不同的生活。造成这种情况的原因很简单：没有这些低薪的贫民区居民，整个城市就无法运转——他们服务着这个城市，使它保持生机和轮回。这种生活模式造成的最重要结果就是达拉维，曾经仅仅是孟买一个小岛边缘的小渔村，从 20 世纪 50 年代开始，这里开始快速发展，因为人们不断涌向这里，只为在城市里寻求工作。如今这里已成为目前世界上人口最密集的地区之

孟买达拉维贫民聚集区

一，若没记错的话，也是亚洲最大的贫民窟。我很想看看

人们是如何在这样的环境中生存的，想看看他们——如果有自己的工具——是如何建造房屋、维持自己生活所需的。

我来到这里的中心区，这是一座城中之城。大多数楼房是用瓦砾和废料建成的——也就是循环使用的、用来盖房顶和墙面的瓦楞钢板，用旧木板或者冰箱门做百叶窗，很多楼房都建在狭窄并令人窒息的下水口处，除了打开的下水道之外这里什么都没有。

达拉维地区常见的楼房

但是这里实际上远非我们看到的这样。这块占地不足 1 平方英里的寮屋区中有着达拉维约 60 万户住房以及近 100 万人口。然而，我所到之处看到的所有人都很整洁、勤勉、快乐。达拉维或许只是一个让游客震惊的地方，对于这里的本地居民来说，这里显然是他们的家。

这一片盘根错节的自建楼房通常会组成一片片独特的区域，并反映了房主的地域来源、种族、宗教、种姓以及工作。达拉维这些不同的区域被两条马路分隔开来，马路由政府修建，几乎是笔直的，并在南端的十字路口相接。两条主干道是 20 世纪 80 年代修建的 90 英尺路和 60 英尺路，当时市政府后知后觉，总算意识到达拉维在城市建设和经济建设上具有重要作用。我沿着 90 英尺路慢慢开车行进，虽然拥堵，但我却可以顺便欣赏迷人又另类的风景。单调和灰褐色的建筑、街道与当地人鲜艳的衣服以及身上驮的食物形成鲜明对比——有辣椒、西红柿以及样式独特的棉花。我还看到了达拉维人民生活的一角：一排寮屋建在高墙旁边，临近一条宽阔的运河。墙边坐着一排打扮艳丽的女孩们，她们笑着，聊着天，细细地梳理着彼此黑黑的长发。她们看起来快乐而美丽。但就在她们下方，一只硕大的老鼠慢慢地溜到她们身边，之后是第二只、第三只。水里全是老鼠，还有一些不知名的污物——这是一个可怖的、已堵塞的下水道。也许这里的人们能用精神战胜恶劣的环境，但最好不要抱有幻想。我想，这些姑娘们只是尽力让艰难的生活环境变得好一些——接受她们在印度的生活现实。宿命使得她们不得不在达拉维生活，或许是为了偿还前世的罪孽，在这里，她们的灵魂有太多可以学到的东西。

正如我所疑惑的那样，达拉维的社会、经济和建筑情况确实复杂。随着城市的发展，这里生活着各色群体，只不过有些人通过达拉维的发展得到了自己想得到的，有些人则相反。现在整个城市都在过渡之中，孟买在过去的几十年中不断发展，达拉维所占据的这不足 1 平方

达拉维
街景

英里的区域不仅仅成为了一个相对更加中心的地区，而且因为孟买不断扩张、不断繁荣、建筑土地又极其有限，达拉维的价值也越来越高。具有讽刺意义的是，现在，这片满是棚屋的城市却成为了印度甚至是世界上在城市化方面最有潜力、最有价值的地区。

我渴望更加了解达拉维，因而努力穿越拥挤的街道。这是一种奇特的经历：在一片最狭窄、最原始的生活环境中，每一处肮脏之中都有盛开的花朵——这些生活在最破落、最原始环境中却依然勤奋、微笑、干净的人们。我透过敞开的窗户望向那些只有一间房的屋子，里面简单又干净。当我经过狭窄的巷子，看到人们在洗涮自家门前那一

简陋却充满
力量的棚屋

小块地方，尽管不远处成堆的垃圾已渐渐开始腐烂。我所经过的其中一些建筑物明示了建筑的源点，看得出来它们仅仅是出于实用目的而建——用以充当遮风避雨之所——是最基础的实用性构筑物。然而，这些居民在此之上还添加了其他的元素：比如门上挂的花环、一片亮色的染漆以及一幅神灵的画像——虽无实际用途却足以为这里增添魅力和深意。只需淡淡一笔，一个棚屋便会摇身一变而成为一个建筑艺术品——而不仅仅是一个建筑物。看到这些简陋却充满力量的艺术品着实让人心情愉悦，每一个都在用它自己的方式创造奇迹，都在表达希望，力求为人们带来快乐。

　　此时，我发现自己置身于相对宽广、更规则的街道——这是方格网型城市的一小部分。据说，这是市政府于20世纪80年代建造的临时营宿区域，当时政府接纳达拉维的寮屋聚居区并为他们提供居住设施，住着泰米尔族、克

陶艺人
聚居区

什米尔人以及古吉拉特邦人。我经过一座巨大的泰米尔寺庙兼学校，里面满是穿着整洁、雀跃的学生，很快就来到了此行的目的地。这里是混不哈瓦达——陶艺人聚居区，他们来自于古吉拉特邦，20 世纪 30 年代他们的祖先到达孟买，而他们则是最早迁徙到达拉维的一批居民。这里聚集了约 2000 户人家，眼前的一切让人震惊——狭窄的小巷将一块块庭院连接起来，庭院里面有公用的开放式烧窑和制作瓦罐的区域。一些烧窑里面堆满了瓦罐和燃料，还在冒着青烟。其他地方的火罐正在被移走——很多罐子造型非常传统、美观。这是一处奇妙的、井然有序的工业区，每个家庭都在自己家中或周围烧制、装饰罐子，一个烧窑周围的居民们可以共同使用烧窑并平摊费用。这里的住宅也别具特色：大多是两层楼高的分间出租的卧室，一楼是工作间，二楼为住房。其中一间楼房让我特别感兴趣——很明显，那是一户大家庭的房屋。在户外，祖母和孙儿们在烧窑里堆叠瓦罐，男性成员忙于制窑，女性成员则忙里忙外。我在征得同意之后，参观了他们的家。我脱下鞋子，爬上了狭窄陡峭的台阶到达了二楼的房间。里面一尘不染，只有地板上有一件皮质上衣，一个小孩坐在上面。家里的墙壁和书架就是整个家族的历史和骄傲所在。在家族照片和神像旁边，有一个装饰极好的神龛，还有一台电视机，一座大钟，当然，还有一排排的陶罐。这个房间旁边是一间很小的厨房——同样十分整洁干净，金属的罐子叠放得整整齐齐，擦得锃亮的厨具则挂在墙上。这就是整所房子了。12 个家庭成员就在这样两间房里生活、睡觉。

在这片奇妙的土地上，我继续我的奇妙之旅，遇见了其他人和其他的生活方式——所有的社区房屋都各有其特点。很多地区都井然有序、维护得很好，但外围一些新开发的地区反倒显得比较混乱——所谓的道路不过是泥径。

达拉维的高
层建筑

我经过了一条堆满了垃圾的小河，它的河岸被当做厕所使用——这不免让人绝望。

在这片密密麻麻的带金属屋顶的小楼之间伫立着一些高大、现代的建筑物，这就是我最后一个目的地。我想一睹新达拉维的风采——达拉维的未来究竟会是怎样的呢？一些高耸入云的建筑是由乐观的建筑商修建起来的，作为私人住宅出售，但是大多数建筑是由政府资助的贫民窟改造局修建的，这种住房的历史要追溯到 20 世纪 90 年代。这里的租金相对高昂，而这种住宿设施也与达拉维贸易有所冲突，因为后者需要土地——比如烧窑。一些人害怕这些高层的建筑会成为租金高昂的贫民区，还有人担心他们很快会成为高层贫民窟。我走进一片被围起来的后院，旁边就是贫民窟改造局在 10 多年前修建的、已满目疮痍的长形大厦。我和一位住在这里的年轻女士交谈，她很阳光，很爱笑，说一口漂亮的英语。我问她是否喜欢生活在达拉维，她说喜欢，主要是因为这里很安全，"街上随时有行人，每个人都很热心，所以我觉得在这里生活很舒服。"她一

达拉维的
小巷

边笑一边补充道："斋戒节、排灯节和圣诞节——所有这些伊斯兰教、印度教以及基督教的节日都在这里庆祝。这里的居民都是穆斯林，但是他们却庆祝各种节日。我是印度人，所以我庆祝印度的所有节日。达拉维的人们也一样，所以这令我非常的开心。"

我出发去见最后一个人，乔肯先生，他是国家贫民窟居民协会的领导。我很想知道，市政府对于这个相当勤勉、和谐的自造城市还有什么长期规划。乔肯先生极具个人魅力，口齿伶俐且见多识广，应该年近60，并且自出生便一直居住在达拉维。我问他达拉维及其人民的未来会怎样，他说，不论这个城市做何种决定，肯定都是经过深思熟虑，并且是得到达拉维社区认可的结果。"这个地方是由这里的人民建立起来的，是他们造就了今天的土地价值——达拉维的未来要依靠人民，属于人民，为人民而存在。"很有力的话。乔肯先生创造了一个光辉的形象——达拉维不再是贫民窟，而是一个乌托邦，是一个由人民创造、为人民存在的地方。在这里，在人的价值与商业价值之间找到了一个平衡点——尽管没有下水道，也没有活水。

　　我与乔肯先生道别，又走进了达拉维的巷子里。走在这样的地方是一种让人惊叹的经历，同时，因为整个世界的城市都在不断地扩展，很多新的城市居民都将沦为贫民——在这一点上达拉维有过深刻的教训。它向人们展示了社区是如何生存的，确切地说，是如何在绝境中繁荣以及创造财富的。这是一种复杂的、从绝望中诞生出来的组织形式，然而，通过其人民的努力和进取以及社区之间的相互扶持，它创造出了一个可以独立发展的、充满生机的、甚至略带美感的社会。或许达拉维是贫穷的，但是它在精神和灵魂上是富足的。这是一个充满欢乐的城市，是一个充满温暖和友善的地方。在达拉维生活和工作的人民赋予它意义和价值——我只希望他们的一分耕耘可以带来一分收获。

纽约鸟瞰

城中之城的高品质生活——

洛克菲勒中心（纽约，美国）

　　摩天大楼是现代特有的建筑物，它诞生于 19 世纪后期，是人类从远古时期就有的、欲接近天堂之愿望的产物，最终在 20 世纪得以完成。摩天大楼得以建造是很多先驱技术在同一时期发展的结果，包括锻造精美的铁艺、钢架结构、快捷又可靠的电梯、电力、厚实的平板玻璃以及钢筋混凝土。摩天大楼所给予人们的不仅仅是一种新的建造形式，而是一种新的城市生活方式。

　　我来到纽约，不是为了一睹首幢或是最高的摩天大楼的风采，而是为了瞻仰其中最好的一座大楼——首个实现了其艺术、城市以及社会潜能的高楼，也是世代的纽约人和游客来此的必游之地。洛克菲勒中心于 1931 年开始设计建造，直到 1940 年才竣工。大楼设计建造之时，正处于一种不稳定且极可能会是灾难性的环境中 **❶**，但结果却是重建了曼哈顿中心的 6 条街区，在第 48 街以北以及第 5、第 6 大道中间，修建出了一座建筑排列紧密、囊括了 14 幢大楼的区域。整个街区的大厦高低不等但错落有致，每幢建筑都被装饰以不同的艺术特色，但又与建筑本身融为一体。它们有着各种各样的用途，使得这个街区成为曼哈顿重要又充满活力的一部分。在某种程度上，这项工程是一个实验——它是首个将摩天大楼作为建筑群组成部分的项目。同时，它又有赖于小约翰·洛克菲勒这一金融巨头，他鼓起勇气，在这项目并不被看好时，把全部身家赌上，然而，投资终究有了回报，这个回报不仅仅是经济上的，同时还创造出了一个坐落在一片楼群中的独立区域——现在，很多人把它看成是曼哈顿的心脏。洛克菲勒和他的首席建筑师雷蒙·胡德都期望着能在这个拥挤的现代都市中找到一种更好的生活工作方式——洛克菲勒中心就是他们的成果。

现在，这一摩天大厦被看做是纽约最有代表性的建筑。然而，在 20 世纪早期，情况远非如此，当时人们对于最早一批的摩天大楼褒贬不一。这些高层楼房中往往配以电梯以及金属框架结构，都有开放灵活的楼层布局，建筑外立面大多是用玻璃和防火材料，比如陶土来完成的。这样的建筑于 19 世纪 80 年代末始见于美国芝加哥。最重要的两幢首创性摩天大楼均由伯纳姆与鲁特事务所设计，分别为始建于 1889 年的蒙纳德诺克大厦和建于 1890—1895 年间的瑞莱斯大厦。几年后，纽约也有了这种新型建筑形式并迅速发展，其建筑的大胆程度达到了极限。

❶ 美国经济大萧条时期。1929 年美国爆发了资本主义历史上最大的经济危机，股市崩溃。

——译者

黄昏时分的洛克菲勒中心

最初，纽约人为其城市能够有高塔偶尔点缀而感到惊奇和高兴，因为这使得他们的城市看起来很时尚、很特别，是先进的、成功的美国建筑的典范，并推动同样繁荣的美国资本主义发展。当丹尼尔·伯纳姆设计的熨斗大厦在 1902 年公诸于世之时，它得到了广泛的好评。之后，在 1906 年，一个叫做西奥多·斯塔雷特的建筑师赶上了这股热潮。他提出建造一座100 层的多功能大厦，其中低层区域用于工业，往上是办公室、住宅以及旅馆。不同的区域之间由公共广场分隔开来，广场上兴建剧院和商店。在建筑的顶端建游乐场、空中花园和游泳池。这仅仅是一个空想的设计，斯塔雷特从未真正想过它能实现，但是其他的高楼竞相拔地而起，它们对纽约人形成了一种反挫力，使得他们突然意识到这个城市快速的变革已成定势。很快，纽约人将这些新兴的高楼大厦看作社会及艺术上的邪魔，认为它们将城市笼罩在阴影之中，使得街道和公共交通超出负荷并将破坏整个城市。一旦附近有高层写字楼开盘，富裕的市中心居民最担心的就是他们的生活区域几乎在一夜之间被商业区包围。大楼很快被看做是个人贪欲的象征，是地产商和土地拥有

纽约曼哈顿区密
布的高楼大厦

曼哈顿位于一块
岛屿之上

者以城市其他居民生活为代价而获益的最新手段。亨利·詹姆斯抓住了这一时期人们的心理，于1907年在他的作品《美国景象》中描述了这一场景："摩天大楼是经济创造力的最新产物……仅仅在这里的摩天大楼中，它的玻璃就像是上千只眼睛。"

1908年，公平人寿保险宣布将在百老汇大道建造一座909英尺高的大楼，而此时新成立的纽约人口过剩委员会却决议，该适可而止了。该委员会的成员之一向《纽约时报》透露说："城市若要容纳如此多的人口，所有人必须要生活在三层不同的楼上，一层叠着一层，但道路却无法容纳楼中用户的送货车、汽车以及马车。"该委员会提议，城市应该修订建筑条例以限制摩天大楼的数量。同时，要限制大楼高度和建造区，或者专门向摩天大楼征税。

这些保守的观点并未得以普及，实际上，由于其对立力量（即纽约注定要繁荣兴旺的事实）像自然一样不可抗衡，这些观点根本不可能为大多数人所接受。美国以及纽约的商业地位快速提高，但城市经济中心区又处于一块岛屿上，被河水环绕及限制，因此大厦的建造不可避免。这是增加曼哈顿土地的一种显著并经济的方法——如果城市无法轻易地向外扩张的话，那么只能向上发展，直到云端。

尽管纽约这些摩天大楼的早期反对者没能阻止大楼的修建，但他们的确影响了大楼的外形和设计。公平人寿大厦于 1915 年建立——虽然已从 40 层减少到了 36 层——仍然遮挡了周边的阳光，这使得整个纽约都像透着寒气。有人认为，这样的大厦从此不会再在纽约出现。然而，1916 年第一个区划条例颁布了。其中，该条例限制了大楼的体积，并规定摩天大楼的总用地面积不能超过其基底面积的 12 倍，从而限制了摩天大楼的外形——公平人寿大厦的容积率竟然是 30：1！如果要建造一幢超过 12 层的大厦，那么只能占用目标土地的一部分来建造，或者随着层高不断增高，减少楼层占地面积——使得大楼高处的楼层小于低处的楼层，这一条例造就了美国 20 世纪二三十年代典型的建筑特点。

在圣诞节前几个星期的一个冬日清晨，我来到了洛克菲勒中心。这个季节正是这里作为纽约市中心而体现其自身价值、有效展示其功能的最好时机。为了取悦纽约人，中心门前摆放了一株巨大的圣诞树，下沉的广场中心也变成了溜冰场，如今这已成为了纽约的一项盛大传统。我来此正是为了探寻这些错综复杂的摩天大楼，探寻它们是如何各行其责的。我在第五大道转进了洛克菲勒中

洛克菲勒中心的溜冰场

洛克菲勒中心广
场和门庭

海峡花园和周
边的大楼

心，很快便感受到了整片楼群强烈的建筑冲击。在我眼前有一条窄路，周围都是清一色的矮楼，中间是花圃和一条水渠。这条小路一直延伸到洛克菲勒中心广场下沉的门庭处，那里有一幢大厦高耸入云，从我这个角度望去，其细高程度让人惊叹！我注视着它，非常宏伟，所有的一切都由简洁的石壁墙连接起来。小路周围的小楼底层为店铺，在 1940 年竣工的时候，其一侧曾是法国商业和文化区，而另一侧则是英国文化区。所以，很自然的，这条小的人行马路也称做海峡花园。这里也有与德国和意大利相关的地方。让洛克菲勒中心拥有复杂的国际特色是整个家族明智的选择，并协助产生了很多艺术作品，如这些大楼上镶嵌的雕刻品、金属门——但却不是一个好的时机。战争毁了此处的德国和意大利文化中心——然而，法国和英国文化中心却保存了下来，直到现在仍然保留有原国家的地域特色。当我沿着海峡花园街步行的时候，我很高兴地看到一家名为"法国之解放"的法国书店仍然保留在这里。但是，真正吸引我的是拥有着 70 层楼、850 英尺高的大楼。它极具现代的简洁风格，却又带有历史之感——这里所有的建筑物都有内置的壁柱、装饰艺术以及对称的平面——带有一种特别的甚至是抽象的古典美。让我最为震惊的是这幢大厦的外观极具雕刻感，受 1916 年法案影响，大楼从下至上面积递减，形成了一种立体的、机械的美感——越往上体积越小。面积的逐渐减少造成了一种错觉，给人一种大厦高耸入云的错觉。这幢大厦美得让人惊讶，因为从侧面看时它又完全是另一个样子——现在，它看起来像厚板搭建的金字塔，表面逐层后退，并且海拔高度从上向下逐步降低。

看着这个宏伟、成熟、平衡的设计，很难想象其最初混乱又近乎灾难般的修建过程。大楼的历史可以追溯

小洛克菲勒像

到 19 世纪末期，当时企业家约翰·洛克菲勒通过投资石油赢得了他的家族财富。但是，由于他以冷酷的方式掌管主公司——标准石油公司——使得洛克菲勒不仅成为美国首富之一，而且也是最受人痛恨的人之一。洛克菲勒于 1897 年从标准石油公司退休之后，把大量的时间和金钱都投到慈善事业中。作为一名虔诚的基督教徒，他深知自己应该回馈社会——但前提是要决定资助什么人，以及以什么方式资助。这种专制的慈善方式将牟利与有选择性的捐助集于一体，并成为了洛克菲勒王朝最为显著的特征。所以，1927 年洛克菲勒的儿子，即约翰·小洛克菲勒，同意帮助纽约大都会歌剧院公司在纽约建一个新的大楼时，这就不足为奇了。他买下了城中心一大片地，用作大都会歌剧院重新修建之用，为此歌剧院需补偿洛克菲勒。同时，他也负责安排该地区外围的商业活动，用以集资来维持剧院的运作。所有的计划都已经拟定，但就在要付诸实施的时候，灾难发生了。1929 年华尔街崩盘，使得纽约经济瘫痪并陷入经济低迷长达十年之久。几乎一夜之间，在这个曾经是世界上最富有的国家中，大多数人被迫排着长队领取面包和汤，甚至为了几美元的工资辛苦工作。

在这种恶劣的环境下，剧院退出交易也就不足为奇了。剧院宣布无力支撑项目的进展。但是，这对于小洛克菲勒来说，一切已经太迟了。他已经签订了租赁合同，并且在未来的 24 年中，每一年将损失 500 万美金。普通人或许会退缩，甚至会认输，但洛克菲勒不会。他决定自己开发这片土地，将灾难化作成功——这是一个在当时大多数人看来疯狂的决定，因为当时的国家还处在经济萧条的阴影之中。1931 年，洛克菲勒组织了一组建筑师，由雷蒙·胡德作为总顾问，并找到了一群很有潜力的租户——包括标准石油公司——使得这个计划得以进行，尽管这项工程前途未卜。

　　凭借着大胆的想象，洛克菲勒终于见到了成果——他的大楼成为了美国首个高层、大规模、多功用的城市发展项目——吸引着众多具有创新意识的租户。广播和电视工业在当时的历史还不算长，他们的商业态度既新潮又新鲜，于是，洛克菲勒将 RCA（美国无线电公司）、RKO（雷电华影业股份有限公司）以及 NBC（全国广播公司）几家大的媒体公司作为首批租客。这片被开发出来的楼盘被称为"广播城"，整个街区都变成了"广播城、音乐厅"，而洛克菲勒中心的控制塔也被命名为 RCA 大楼。策划草图很快出炉，洛克菲勒担任工程的直接负责人，一切都有条不紊地进行。该时期是美国大萧条时期纽约就业率最高、最繁荣的时候——雇佣了约 75000 人——当 1940 年竣工时，该地成为了当时、如今也依然是美国私人发展的最大房地产项目。

　　虽然洛克菲勒中心并没有公寓住宅或是旅馆，但是却有很多商铺、餐馆和酒吧——包括著名的彩虹屋以及顶楼的烤肉。各种各样的娱乐场所和办公区域以及整个建筑的艺术品质，使其立刻取得了成功并成为了纽约生活的中心。葛楚德·斯坦——极具魅力的现代艺术开创者，也是毕加索的好友说，第一眼见到洛克菲勒中心，就认为是"所见过的最美、最美、最美的建筑。"现代建筑师勒·柯布西耶向来不喜欢纽约的嘈杂以及阴暗的峡谷一般的街道，但他却在洛克菲勒中心找到了美，并形容它是"理性而和谐的"，象征着"建

洛克菲勒中心彩虹屋

*洛克菲勒中心 GE
大厦正门门头装饰
浮雕*

筑生命"。修建该中心花费了1亿200万美金，让洛克菲勒担忧了近10年，然而最终取得了巨大的成功。人们认可了他的决定。它在竣工后的60年中，也经历过萧条时期，也曾更换过主人。目前的主人提斯曼·司柏尔于近期重新修复了中心，并为得以经营、维护纽约深受喜爱的建筑而自豪——每年有上亿人从此经过。

我步入了塔楼，现在叫 GE 大楼，穿过了洛克菲勒广场主大门，上方框架装饰着一尊浅浮雕，这是一个长着胡子的人像，具有十分吸引人的装饰艺术风格——正是艺术家李·劳瑞的作品。图像中的人手拿一副大的指南针，所以他一定代表着永在之神，伟大的创造建筑者，篆刻着《旧约》中的篇章："你一生一世必得安稳，并智慧，和知识"❶。这是在提醒所有进出大楼的人，将有一个更强大的力量审判他们的行为，智慧是全宇宙的创造力量。天

❶ 出自《以赛亚书》第33章6节。
《圣经》译本，O-Bible 网站）
——译者

啊！这座建筑不仅仅是一座金钱的殿堂，而且很显然，洛克菲勒相信它在这个城市有着提升道德的功能。大厅极为宽敞——不仅仅是通往商贸大楼的道路，而更像是在穿越这座城市，这里面有商店，以及通过地下商场的通道。入口大厅的设计是洛克菲勒与 20 世纪最爱挑剔的艺术家之一的斗争成果，是强大企业集团背后意识冲突的结果，是洛克菲勒展现其灵魂之地。

　　不难发现，洛克菲勒中心是一个悖论，是矛盾的综合体——这是一个私人开发的商业中心，看起来却像一座公共大楼；它的建筑风格既现代又极具功能性，却也带有浪漫色彩和传统、历史的元素；它是冷静的资本主义与理想的慈善之心的结合——是一位强大商人的杰作，而其灵感却有着社会主义特征。这种矛盾让人迷惑，很明显，1933 年，当迭戈·里维拉受洛克菲勒委托为入口大厅的墙壁作画时，他也感到无比的茫然。里维拉选择的主题让苏联共产主义拍手叫好，他谴责了资本主义，表达了工人被警察迫害的场面。借着艺术表达自由的名义，洛克菲勒也许还能接受这样的画作，但是，他无论如何也无法接受画像中圣人一般的列宁与黑人握手——正如里维拉后来解释的那样："美国黑人与俄国白种士兵和工人的握手，代表着未来的联盟。"洛克菲勒无法接受 RCA 大楼入口最重要的画作是这样一个主题，于是他要求里维拉把列宁的脸换成另一个不知名的人，里维拉拒绝了，两人关系从此恶化。里维拉很快被解聘，他的作品也在 1934 年 5 月被破坏。因为"蓄意破坏"，洛克菲勒受到了艺术界严厉的批评，但是大多数纽约人感觉里维拉的所作所为也未免有些过分。里维拉本人从未原谅洛克菲勒，他在自传中斥责了洛克菲勒的行为。后来，他为墨西哥城的艺术宫做壁画时，加画了一幅洛克菲勒的画像，为此，里维拉解释道：

"我加入了一幅夜总会的画面，他的头离性病细菌仅咫尺之隔——被画在了显微镜的椭圆形中。"

在这次令人沮丧的经历之后，洛克菲勒很快就重新任命了其他艺术家来装饰入口大厅的墙壁，也就是现在眼前让我为之震惊的作品。其中最有影响力的是乔斯·玛利亚·赛尔特的数幅画作——这些画作充满着爱国主义和理想主义，展现了医学、政治及社会的进步，以及对科技发展的敬意。的确，这才是洛克菲勒想要达到的效果。虽说不上有趣，但这种带说教色彩的大型壁画正矗立在接待处上方。壁画名为"美国的进步"，表达了美国人通过体力和脑力劳动获得的进步。在洛克菲勒中心，有一副林肯的

洛克菲勒中心入口
大厅的壁画

洛克菲勒中心入口
大厅壁画细部

肖像画——"行动者",在肖像画里,他把手搭在拉尔夫·沃尔多·艾默生——"思想者"——的肩膀上,在他们身后是洛克菲勒中心(建筑剪影)——美国美德的缩影。

我期望见一见这里的长驻者,于是首先来到了地下商场,那里充满着活力,店铺和餐馆都富有生机。里面有一家店吸引了我的目光,从中可以看出这个城市的缩影。这是一家擦鞋店,画面让人难忘:一排衣着光鲜、脚穿皮靴的高管们坐在高脚椅上,埋首于报纸,而擦鞋的伙计则弯着腰,在他们的脚上忙碌着。我走进去,在其中一张高脚椅上坐下,享受这一生难得的服务。天啊,当我走下高脚椅时感觉相当满意。我找到了店老板,他的名字叫雨果,是一个乌拉圭人。我问他觉得自家店铺在这里感觉如何,雨果愉悦地回答说:"我最喜欢洛克菲勒中心的一点就是它是一个社区,我们彼此都熟悉。顾客、客户与我们的关系都很好,这是一个让人很舒服的地方。

我往楼上走去,因为约了大厦里一家联合律师事务所的一位合伙人见面。这位老友的名字叫惠特尼·杰拉德,

洛克菲勒中心的
阿特拉斯雕像

他已经在这里工作 20 多年了。我们在他的转角会客室碰面，这里的风景极好。惠特尼打趣说："没错，每个人都想要个转角会客室，让你觉得自己特别了不起。普通的大楼有 4 个转角，但这里因为建筑高层退进所以有 8 个转角，一共 9 层楼，所以我们就有了 72 个合作伙伴。"哈，这种大楼形式的又一益处。惠特尼接着说道："很多在这里工作的人都知道，这是一个与众不同的地方。他们有所收获，有美的享受，并有实际意义，因为这里接纳所有的人。在这里，你可以享受到任何的服务，从在楼下擦鞋到在彩虹屋享用一顿美食。"

我跟律师道别，继续登塔之旅。这一次，我要去见大卫·洛克菲勒，这个出生于 1915 年 6 月，小约翰·洛克菲勒唯一在世的儿子。我们在 56 层那间自大楼启用之日起就一直属于这个家族的办公室中会面。大卫·洛克菲勒是一个身材矮小、衣着整洁并且很安静的人，这种气质源自于一个古老的但很可惜已被遗忘的世界。我问及其关于大楼建筑时期的记忆，他回答说："我们当时住在 54 大街西区 10 号，在五楼我有一间卧室。在那里，我可以看见圣帕特里克教堂，而我们现在所处的这个地方则盖满了很多低矮的楼房、出租房和廉价的房子。"接着，我问他的父亲对于洛克菲勒中心前景以及其对于纽约所起作用之看法，他回答说："当时，他想修建的不仅仅是一幢漂亮的办公楼，他希望人们可以到这里的公共区域来享受。这是十分明智和善良的想法。毫无疑问，从提供工作机会的角度来看，这里对这个城市起到了至关重要的作用。"我接着问："那么，当时你父亲是如何应对压力的呢？他的压力有没有影响到家庭生活呢？""当时，他在经济上和情绪上都很紧张，他担心这项工程会沦为大萧条的一员。我记得他那时候经常因为头疼而躺在床上，我会去看他。他是个勇敢的人，但是头疼让他无法忍受。这就带来了更多的问题。"的确，在国家大萧条时期建立这样一座美国有史以来私人开发的最伟大的房地产项目的确是一件让人头疼不已的事情。

大卫·洛克菲勒像

我以参观顶层的彩虹屋结束了这次洛克菲勒中心之旅。这是一处华丽的地方，极具装饰性，奢靡无比，还保留着城中最出色的酒吧和餐厅。我抿了一小口马丁尼，透过窗户，看着这个围绕着我的高楼林立的城市。在过去的40年中，摩天大楼遭受了许多攻击，但是洛克菲勒中心告诉人们事实应该是怎样的。这是一处私人的商业中心，但是却给公众带来了益处。它把美与实用相结合，增添而非降低了纽约的风采。这是一种现代城市生活的出路，而非麻烦。对我来说，它的多种功用、它充满生机的生活和精致的细节，使得洛克菲勒中心成为了世界上最优秀的摩天大楼。

大马士革清真寺的
宣礼塔

乱世中的和谐绿洲——

大马士革（叙利亚）

　　大马士革的历史可以追溯到至少 7000 年前，对于它究竟是不是地球上最古老的一直有人居住的城市的这个问题，一直颇有争议。然而，其他伟大而古老的城市，比如波斯波利斯、巴比伦和佩特拉，现在已经要么成为废墟，要么缩小为村落，唯有大马士革依然繁荣。我一直认为大马士革是一个神奇的地方——温暖和友善冲击着你的各种感官。此行，我意在发现这座城市的运转方式、成功的奥秘以及其得以让人类共同生活的创造性方式，从而为其他城市提供借鉴。为了了解这些,我从城市起源的地方开始，去探寻它得以存在的两个原因——绿洲与河流。

从高处俯瞰
大马士革城

现在的大马士革广阔无垠，但保存下来的古城仍然在它的核心位置，如今依然被围于古城墙之中。那里有肥沃的绿洲遗迹——古塔区，在最早的时期是它在滋养着这座城市。在一片郁郁葱葱之中，我发现了石榴树、橘子树、柠檬树、椰枣树、葡萄藤和橄榄树。这里像是一个物产丰富的天堂。事实上，这个古老的绿洲在沙漠里给人们带来了意外的快乐，也恰恰解释了大马士革成为经典中伊甸园所在地的原因。

穿过绿洲之后，我举步前往老城区。穿过人流，我看到北面依旧完好的长长的城墙。城墙下是一条沟壑，这里曾是浩瀚的巴拉达河，正是大马士革在沙漠中赖以生存的河流。但是现在，这条大河仅残存一丝肮脏的河水。我走向城墙，它看起来极其雄伟，城墙的底部由巨石修筑，是公元前64年罗马人在攻占大马士革不久之后建造的。大马士革在当时还是位于罗马占领区域的边缘城市。这些石头粗糙且坚固，我抚摸着它们，感受着当时大马士革人民在这样雄伟城墙的保护下，是多么地有安全感。

由于大马士革是东、西和南面贸易沟通的要道，所以大马士革居民中，最为卓越的就是商人。他们从中国、印度和阿拉伯引入丝绸、香料、焚香、染料以及贵重的金属，这使得大马士革的市场不断繁荣，最终进军地中海港口并一路到达西欧。与贸易一同被引入的，还有艺术、文化、思想，再加上世上的财富，使得2000年前的大马士革不仅仅是世界上最为富有的地方，也是最有文化气息、最多元化、最美丽多彩的城市之一。

　　这个罗马城市共有 7 个入口，大多数入口以及城墙上半部都在中世纪时期得以重建——除了其中的一扇罗马门。这扇门位于城东，现在被称作巴布·阿尔沙给之门，也就是早期的太阳之门。我猜想这或许是由于太阳的第一缕阳光首先洒在大门的龙门架上。这扇门大部分都被重新修葺过，但就本质而言源自公元 100 年，也许是大马士革地面上现存最古老的建筑。我走进去，被眼前的景象惊呆了。前方远处有一条狭窄但笔直的街道。这是世界上仍在使用的最古老的商贸街道，也就是《圣经》新约里提到的直街 ❶。前半段的地方都是小摊。直街的西半段是米德哈特·帕夏 ❷ 市集，而从这个街口经过蜿蜒的调料小巷市场，就能到达另一条市场街，即阿尔哈米德耶。我走进米德哈特·帕夏市集，这是一个幽暗、洞穴形状的地方，太阳光柱不期然地穿过 19 世纪建造的钢壳穹顶。这里有着成排狭窄的开放式店铺，出售调料、茶叶、咖啡、燃料、坚果、糖果等，品种应有尽有。整个集市充满了香气，简直是一场嗅觉的饕餮盛宴。

　　我发现自己身上的钱在这里毫无用处，他们不肯收钱，却赠送了我香皂、糖果、香料等。阿拉伯人的好客是一个传奇，这我在很久以前就曾经有所体会。但是现在，我对此更加笃信不疑。随着邻国伊拉克局势的不断恶化，成千

❶ 出自新约《使徒行传》第 9 章 11 节，"主对他说，起来，往直街去，在犹大的家里，访问一个大多数人，名叫扫罗，他正在祷告"。（《圣经》译本，O-Bible 网站）

——译者

❷ 也译为"巴夏"，旧指土耳其古代对大官的尊称。

——译者

上万的伊拉克难民如潮水一般涌入大马士革，我一直担心——尤其是想到英国在伊拉克扮演的角色——这个城市的热情会有所降低，但事实并非如此，我的担心是愚蠢的。这里的人民久经世故却又有很深的文化底蕴，他们不会要求个人为国家的行为承担责任，所以，在这里我非常受欢迎。继续向前走，我看到一个伙计在榨石榴汁。石榴从古至今以来一直被看成是多产的象征，它也是绿洲之果。我点了一杯石榴汁，果汁甘甜浓郁、美味无比。

　　在味觉和嗅觉暂时得到了满足以后，我继续前行，寻找更大的视觉和感官刺激——纯粹、简单的建筑。大马士革的商队客栈是商人们储存并展示商品的地方，这里还有

建于 1753 年的阿
萨德·帕夏客栈

他们的记账房，也是整座城市之建筑奇迹的所在。走出直街后的阿萨德·帕夏就是其中最好的一间商队客栈。它建于 1753 年，当时土耳其帝国占领大马士革长达几世纪之久。这里的建筑几何十分精确，是一间令人瞩目的贸易宫殿，与其说它是商人聚集地，不如说它更像是神圣的清真寺。客栈内空间大而宽敞，中间是一个平面为正方形、两层高的开敞式中庭，四周以两层楼的商务办公室街区为界。开敞式空间里面有 4 个独立的窗间壁，用于支撑 9 个穹顶。中间最大的一个穹顶在几年前的地震中坍塌了，在它曾伫立的位置下方有一个水池。客栈的墙面装有黑白两色石头，因为和完美的穹顶在一起，有一种抽象的、摄人心魄的完美之感。

然而，这个客栈空空如也！我一定要找到一个仍在使用的客栈。疾步走回直街，看到一个小一些的、但是却装满了食物的客栈，商人也在使用他们狭小的办公室——本该如此。这个客栈叫阿尔图恩，即烟草客栈，与众多其他房子一样，最初用来储存这一种产品。我又朝阿萨德·帕夏客栈走去，因为就在它的右手边，有着大马士革最为吸引人、最为实用的建筑。这就是哈曼·努尔丁 ❶，建于12 世纪 50 年代的一间浴池。一个简单的入口通向有着穹顶的门廊，这是土耳其时期重新修建的，向下走便是桑拿房和按摩房。穹顶下方坐着一些皮肤黝黑、有着胡子、未穿衣服的商人——他们是让人艳羡的大马士革商人，有的吸着水烟，有的喝着咖啡。

努尔丁 ❷，即土耳其浴室的最初建造者，是大马士革历史中最重要的人物之一。他在 12 世纪中期控制了这个城市，并通过各种技巧和战事中的英勇，获得了几十年之久的和平与繁荣。在努尔丁众多的遗产中，就有他在大马士革所建造的公共建筑，这间浴室就是其中之一。然而

❶ 哈曼，原文为 Hammam，土耳其浴室、澡堂。
——译者

❷ 努尔丁·马哈茂得（1118—1174），他是统治摩苏尔、阿勒坡与大马士革的赞吉王朝第二代统治者，军事家。
——译者

大马士革的
土耳其浴室

❶ 原文 iwans，穹顶门廊。
　　　　　　——译者

从建筑意义角度而言，现存最有价值的就是比玛丽斯坦·努尔丁——一所建于 12 世纪中期的医院。医院的入口采用了漂亮的拱门设计，饰以重新利用的廊檐。紧接着，就是一方庭院，由一些高且宽大的壁龛围起，这些壁龛叫做伊万❶，之后是很多个房间和病房。在这家医院建立之时，阿拉伯拥有当时世界上最先进的科学和医学。11 世纪伊本·西拿在文章中清楚写道：阿拉伯的医生崇尚身体与精神之间的交流，他们已经意识到情感的疾病会引发身体的症状，也会对身体的治疗做出回应。所有这些都在这家医院有所反映，在这里，人们通过感官治疗疾病。这座对称而美丽的建筑给人们带来了视觉愉悦，唤醒了秩序与和谐之美。庭院里的草药和橘子树也释放出让人愉悦的香气，庭院中间叮咚的喷泉则让人心灵得以平静。

　　我离开医院，在大马士革清真寺的南面和东面狭窄又蜿蜒的街上闲逛。我从犹太区走到了基督教区，想看看大马士革以此闻名的建筑。这是一处庭院式住宅，历史可以追溯到土耳其时期，现在，这里属于卡巴瓦特家族。我来到房子外部，这里修建得简单又朴素。一位女士打开了门，引领我来到庭院，这里有一座中央水池和喷泉，有橘子树、紫藤和葡萄藤，还有一条镶嵌着大理石的漂亮的小路。欣德·卡巴瓦特告诉我，这所房子建于 1836 年，她的家族已经在这里居住了五代。她说，像这样带有庭院的房子是城市中的绿洲。外面嘈杂拥挤，而这里植物与咖啡和豆蔻的香气混合，听着叮咚的泉水声，让人感到无比平静。我们谈及大马士革的生活。欣德出生在一个基督教家庭，但却与穆斯林邻居们相处得非常融洽，实际上她最好的朋友

建于 12 世纪
中期的医院

大马士革清真寺及
露天市场

中就有穆斯林。她喜欢这个城市，在她眼里，这座城市美丽、温暖、宽容。

我最后参观的这个古城中最伟大的建筑——大马士革清真寺——诉说着这座城市的历史。在过去的3000年中，它都是大马士革神圣的心脏和灵魂。人人都知晓，这里最初修建的神庙是用于祭祀一位本土天神——哈达德的。之后，随着罗马人的入侵，哈达德神庙在3世纪被朱庇特神庙所取代。当基督教在4世纪晚期成为罗马帝国的国教以后，朱庇特神庙被用来供奉施洗者圣约翰。公元636年，基督教主导的大马士革向穆斯林势力投降，教堂很快又被用来同时为穆斯林和基督徒服务。此时，大马士革成为了伊斯兰世界中最重要的据点之一。大马士革的第一任总督，即穆阿威亚，允许基督教继续使用一部分大教堂，他在先知穆罕默德去世几年之内，一直试图控制早期伊斯兰世界。然而，在705年，穆阿威亚的继承人阿里·瓦里德，决心把基督教从教堂中迁出，重新建立一座壮观的教堂。他想要建立世界上最大的伊斯兰教堂。我眼前这个建筑就是出自阿里·瓦里德之手，让人惊讶的是，尽管阿里·瓦里德迁走了基督教，可是却并没有移走旧有的建筑。朱庇特神庙残存的柱廊还在，几乎所有那时寺庙雄伟的外墙建筑也都还存在，成为了清真寺外墙的一部分。

清真寺的
庭院

清真寺
祷告厅

我走到主大门，脱下鞋子进入庭院。这里宽敞无比，但也只不过是从前的一个缩影。最初，所有的建筑外表层都是装饰着大量的彩色玻璃马赛克的镶嵌画，闪耀着金色的光芒。看上去一定非常壮观。现在，仍有一些片段虽褪色，却依旧幸存下来。其中之一就在西面的拱廊上，拱廊上画着巴拉达河，房屋、清真寺和皇宫以及绿洲中的部分树木——很明显，是庄园的真切写照，也反映了大马士革作为伊甸园的传奇之处。

尽管很多玻璃马赛克砖已经脱落，宽阔的庭院以及大理石光亮的甬路仍然在太阳的光辉下闪闪发亮。这是一个神奇的地方，游客从三面的拱廊散步而入或坐于其中休息闲谈；而在另一面边角，麦西哈之塔却高高耸起，根据伊斯兰教说法，麦西哈将会在末日之时在此出现，与达加尔❶进行斗争。但是，望向庭院，最令人震惊的景象是巨大的祷告厅，占据了整个庭院南部。我走进去，这是一个充满力量和美感的地方。两列柱廊——这些很显然是重新利用了原基督大教堂中的石柱与柱头——将整个大厅分为三个区域。地面上铺设了地毯，气氛轻松惬意——世俗而不是神圣。人们漫步闲谈，一户户人家舒服地倚靠在地毯上，穆斯林在进行着他们的朝拜——这里就像是人生的舞台。大厅的东端有一个小的、带有穹顶的建筑，一直高耸到房梁。这是圣约翰的圣地（施洗约翰的陵墓所在地），据说，这里至少保存着施洗者约翰的头颅。我坐在地毯上环顾四周，周围是美妙的声音，有祈祷者的低语和唤礼辞的音乐。坐在这里——置身于古城墙之内——可以感受到这里依然是大马士革的灵魂所在。我回想在这里的一天，回想这个城市，这里让我感觉到永恒。大马士革——有着丰富的文化多样性——教会人类如何友好生活。由这样一座最古老的城市教给年轻一代如何和谐地生活，这不啻为

❶ 原文 antichrist，而伊斯兰教中一般是指 Dajjal 这位尔萨麦西哈（即耶稣基督）再降临时的敌人。基督教中一般指"敌基督"，意思是以假冒真基督的身份在暗地里敌对或意图取缔真基督的一个或一些人物。（YEEYAN 网站）

——译者

大马士革的
美食

一种幸运。

　　到用餐时间了。我来到了建于18世纪早期的扎布里小屋，这是一个漂亮的带中庭的院子，现在是一家餐馆。我想见一见厨师长，想探寻大马士革美食的奥秘。他为我准备了我最喜欢的食物——巴巴格努斯（茄泥糨糊）。厨师长备好了烤茄子，切好了马铃薯、洋葱和辣椒，加了一点橄榄油、石榴汁、柠檬和盐，一切已准备就绪。这道菜与其他菜肴——塔博勒沙拉、法图斯沙拉、夹馅藤叶一起端上了桌，我已经食指大动了。的确，古城大马士革满足人类所有的感官需求。这里有美丽的视觉享受——漂亮的建筑、调料以及焚香的香气，现在，美食又在诱惑着我。这一点一直都是显而易见的，但直到现在才真正冲击着我。这里的食物是城市的象征——色香味俱佳。这些食物——有些是当地绿洲的产物，有些是城市贸易的成果——都吸引着人们、联结着全世界。我在这欢乐的聚会里，与各种各样的人一起——当地人和游客、基督徒和穆斯林——友好地坐下来一同享用美食，这里的气氛让人沉醉。人们很容易就会把这个欢乐的餐厅看成是大马士革的缩影，或许——它也是能为这烦扰的尘世带来希望的绿洲。

俯瞰巴西利亚

现代梦想中的真实生活——
巴西利亚（巴西）

　　10 月末，我们在一个暴风雨天飞到了巴西利亚。天空布满乌云，但当我们驱车来到市区的时候，太阳从乌云中钻了出来。巴西利亚是我向往已久的城市，它有着奇特且动人的历史，并充满着巨大的灵感。作为一个国家的首都，它在一片偏远荒芜的高原上凭空而建，并采用革命性、先锋派的建筑和规划宏图，这一切成就展示了整个国家的骄傲和精神，唤醒它的个性、定义它的未来。这是怎样的一个地方啊！当我们驱车沿着宽阔的、构成城市主干道的高速公路行进，我很想知道我是将被这个伟大的创造——这个公认不朽的当代艺术，又自称是乌托邦般的平等社会

巴西利亚
国会大厦

巴西利亚总统的
官邸

典范的城市——真正地打动，抑或是彻底地失望。我环顾
四周，努力捕捉对这个城市的初步感受，才意识到自己正
处于城市的心脏，这里太大了，导致我在不知不觉间就已
经进入了城市中心。突然的到达让我手足无措，让我来
不及体会到达的兴奋和存在于此的快乐。这一伟大的创
作——有着大胆的艺术设计和社会抱负——会让我大失所
望吗？

　　我们经过了一排排设计相似的政府大楼以及最主要的
国会大厦，它是由一幢白色的碗形建筑以及相邻的、高耸
入云的双子塔组成。巴西利亚的确呈现出现代城市的梦想：
众多的公共建筑如同巨大的抽象雕塑分布在广阔的广场和
青葱翠绿的开阔草地上。各种具有象征意义的建筑被甩在了身后，我们继续在高速公路上前进，似乎已经进入了乡间，这时一幢醒目的建筑进入我们的视野。这座建筑狭长低矮，两边用极简主义的白色弓形柱门包裹在建筑玻璃幕墙外圈并支撑着其设计大胆的向外延伸的平坦屋顶。这是总统的官邸。我们快速地经过这里，穿过了一个巨大的停车场。这里空荡得使人感到神秘。之后，旅程戛然而止。我们到达了旅馆，蓝树公园，它具有相当惊人的现代感——低矮宽广、曲线形玻璃幕墙立面以及平屋顶。我们到达了未来——或者说至少是在 20 世纪 50 年代构想的未来。这些是无可嘲讽与争辩的卓越的现代主义建筑 ❶，旨在为这个崭新的国家建立一个崭新的首都。

　　巴西利亚是所实现的最大胆的建筑项目之一，不止是因为这座巨大的城市修建于远离海岸居民区的遥远丛林地带，且仅仅历时 5 年就修建完成。更是因为，它的历史可以追溯很远，实际上，可以从巴西作为独立国家成立之日算起。巴西在 16 世纪早期被葡萄牙占领，当时非洲奴隶为为数不多的小群欧洲人劳作，因为他们拥有并掌管着土地。1815 年，随着若昂六世登基成为葡萄牙和巴西的国王，巴西也成了一个王国。1822 年，他的大儿子佩德罗·唐宣布巴西独立。1831 年佩德罗退位，将王位交给了他的儿子佩德罗二世，后者有着道德和仁义之心。他释放了所有的奴隶，但其他君王并未照做，直到 1889 年巴西宣布成为共和国，奴隶制才得以废除。

　　在这些年中，这个羽翼初丰的国家一直在考虑一件事情，那就是建立新的首都—— 一个脱离旧的殖民制度、表达国家身份的地方，一个新巴西的公民得以和平骄傲生存的地方。早在 1823 年，人们就这个城市的命名达成一致，将其命名为巴西利亚。然而，难以达成一致的是首都的选址以及建筑风格。这个理想的城市成为了所有巴西利

❶ 现代主义建筑是指 20 世纪中叶，在西方建筑界居主导地位的一种建筑思想。这种建筑的代表人物主张建筑师要摆脱传统建筑形式的束缚，大胆创造适应于工业化社会的条件和要求的崭新建筑。因此具有鲜明的理性主义和激进主义的色彩，又称为现代派建筑。

——译者

库比契克总统

亚人心中的香格里拉。在某种意义上说，它是巴西的希望之地，是展示国家的希望和命运的地方。这个梦想一直萦绕着巴西人——直到几十年后，这仍然只是个梦想。

在传统上，巴西的城市都是环绕海岸或者亚马孙河而建，并且人们普遍认为，首都应该是整个国家的大门。在不断的探险后，在遥远的内陆中心地带也选了好几个地方，但是直到 1955 年选址才最终尘埃落定。然而，若非一个人的存在，这项议案恐怕又要夭折。1956 年，儒塞利诺·库比契克·德·奥利维拉当选为国家总统，他热切地希望将自己国家盼望了 130 多年的首都建立起来。对于库比契克来说，新的首都不仅仅可以实现国家的长期愿望，而且也是国家当代政治强大的最有力体现。为了迅速实现这一

巴西利亚中心的高
层建筑

目标，库比契克找到了他的老友奥斯卡·尼迈耶，他是一名建筑师，希望他能帮忙实现这一雄伟计划。奥斯卡同意开始设计建筑，但是坚持认为应该通过竞赛选取首都规划方案。所以，在1956年9月，巴西所有注册建筑师、工程师以及城市学家都受邀为创建理想之城献计献策。

竞赛桂冠于1957年被卢西奥·科斯塔摘得。他把城市设计成由两条横纵交叉的轴线组成，每一条轴线都由数条宽阔的高速公路构成，中间用绿化完备的中央保护区隔开，类似于线型公园。一条轴线笔直且宽阔，沿路两边是政府和行政大楼，路尽头就是国会大厦。另一条轴线结合地形地势，形成了弧线，并临街修建居民区和商业区。这样的构图从空中俯瞰，就像是一个横杆略弯曲的十字架，纪念16世纪早期葡萄牙开拓者将基督教带到巴西。或者，如果出于对未来机械时代的构想，这个布局可以被看做是一架飞机，国会大厦是机头，行政大楼是机身，房屋和店铺是机翼，引擎就是办公室和商业楼——也正是经济发展的动力！

尽管开支日益增多和媒体的疑虑越来越强，库比契克却很冷静，并凭借强烈的意志力在1960年成功地完成了城市的大部分建设。所以，在他在位时期城市就可以投入使用了。整个建筑过程被认为是疯狂的行为和浪费国库之举，库比契克后来也被解职。但是最后，巴西还是拥有了它梦想中的城市。

　　我离开了旅馆，前往国会大厦，它位于三权广场的一边。环绕广场的大楼全由尼迈耶设计，成为现代主义的典范。国会大厦本身低矮、狭长，散发着大气的光辉。它平整的房顶侧接着两条高速公路。大厦的前方是草坪和湖水，后方是三权广场。我凝望着国会大厦，它看起来如此与众不同。屋顶是两个巨大的白色抽象建筑——一只巨大的平顶"碗"和一个碟形穹顶。在两者之间是一对高而细的塔——行政办公室——两座塔中间部位由一座桥连接，形成了一个巨大的、拉长了的 H 形。我在观察的时候，开始明白了一切。第一眼望过去，国会大厦是一个风格大胆的现代主义作品——它简单，既有雕刻性，又具功能性，轮廓非常清晰。但是现在它更像是一个复杂含混的综合体，其含义也更加模糊——平整的屋顶就是关键所在。整个大厦是一座城堡，是一个神圣的土丘。人们可以通过长长的斜坡或是连接高速公路的窄桥走近它。所以，如果这是一个城堡，那么顶端的大楼——"碗"以及穹顶——就是寺庙，是巴西利亚人心目中的帕特农神庙。碗形的建筑里是众议院，它的形状说明这里的争端与辩论是对所有思想者公开的。穹顶形状的屋顶盖住了参议院，表示思考与平衡是最重要的。所以，国会的其中一部分公开并具有接纳性，而另一部分则是封闭的。这一切都有着丰富的寓意——既现代又古典，爱国与理性融为一体，同时也具有宗教的色彩——甚至神秘莫测。

　　我想起了有关巴西利亚创建时的一个故事——有人说，之所以选择现在巴西利亚所处的位置，是因为它刚好处在南美洲的心脏区域。还有的故事更为神奇。奇怪的是，巴西利亚很受边缘人士的欢迎，甚至在怪异的或宗教性运动中也是如此。他们说这是一个自然的中心，是通往天堂的大门——高耸入云的双子塔似乎更印证了这一观点。可

位于巴西利亚联邦
区的国会大厦

巴西利亚三权
广场

巴西利亚主教
教堂

以确定的是，尼迈耶是一个非同寻常的人——他是一个激进艺术家，同时，他接纳一切可能的古典、神秘的形状，他也充满着智慧。从广袤的三权广场上可看出——它是国家的政治中心。一面是国会大厦、立法中心，另外两面则分别是代表总统的行政权——即总统府，以及代表司法权的最高法院。这两座大楼在广场两面相对而立，在建筑上颇为相似，可以看出尼迈耶的现代主义建筑风格并非是机械化的、无所依据的。尼迈耶曾解释说，他希望自己的建筑反映出巴西的自然——线条优美流畅得如同层峦叠嶂的山川、飘浮于天的白云，以及他所说的"情人"之曼妙的身姿。同时，他也承认对于巴西之美中巴洛克风格之人体曲线美的偏爱。所以，两座大楼都有玻璃墙体，用精致、简洁、曲线形的锥形柱子支撑着平坦屋顶，支撑着高于地面的地板，而这些仅以一点抵在地面上。这样建筑的结果就使得楼房的外观更加轻盈，像俯瞰着大地—— 一切都近乎完美。

国家权力中心最明显被遗漏的地方就是教堂——在这样一个罗马天主教的国家看不见教堂是很奇怪的，但是由于库比契克与尼迈耶均为无神论者，这也是情理之中。但是尼迈耶很快又设计了一座主教教堂，就建立在"机翼"与"机身"的衔接处 ——也就是商业区中。我认为这太具有象征意义了。我到达了这里，教堂的形象颇为熟悉，高耸的水泥杆支撑着圆形结构，形成了小的塔尖，像一个

巴西利亚主教
教堂内部

插满荆棘的王冠。我走进去，进入黑暗之中，就好像走进了一座埃及墓穴。当我进入教堂正厅的时候，突然又有了光亮。这座墓穴——象征着耶稣的墓穴——突然变成了一个子宫，一个重生之地，在日光下重生。现在我明白了尼迈耶的用意。他创造的是一个既特别又神圣的地方。这座大楼不仅仅与基督教相关，还与所有的宗教息息相关。它表明了巴西多元化的特点——这里有非洲人、土著人以及欧洲人。教堂完全是在定义、在表现着这个国家的特色。这是一个非常远大的计划，并且从各个角度而言，它做到了。我带着惊讶起身离开。这里的一切都超乎我的想象。

接下来就要去体验一下生活在这个城市中的感觉了。为了达到这一目的，我必须到位于与纪念轴线交叉的弯曲轴线边上的住宅区去。那里有巴西利亚最为著名、最有争议的一面。在设计的过程中，科斯塔坚持奉行着最正统的现代主义风格。住宅区是一系列 6 ~ 8 层楼的混凝土房屋，是建造在一片绿地中的方形区域，被高速公路和宽阔的街道规划得十分整齐。每个生活区都叫做"超级生活区"，分隔生活区域的马路沿线是店铺和餐馆。除此之外，每一个生活区域中都包含了一个托儿所和其他机构，使其能独立运作，每个社区都是独立完整的。同时，从根本上，每一个社区中都住着各色巴西利亚居民——他们是平等主义生活的典范。举例来说，法官与水管工毗邻而居。这就是 20 世纪 50 年代理想的城市生活——这样的理论是如何付诸实践的呢？我来到 105 号生活区，这也是最先竣工的一个生活区。房屋看起来修葺完好，居民闲坐的花园也维护得很好。我来到了奥加·巴斯图的家，她从兴建之初就居住于此。我问她住在这里感觉如何，如果有机会会不会搬家。她告诉我说，她爱她的家，爱巴西利亚。她把自己看成是城市开拓者的一分子。所以，从专业的角度来讲，

巴西利亚城市
商业区

巴西利亚的梦想实现了。

　　紧接着，我又去拜访了一位在城市工作的人。我想知
道库比契克关于巴西利亚平等主义梦想的实施情况。巴西
是一个充满活力和欢乐的国家，但同时这个国家也饱受贫
穷、犯罪和不平等的困扰。为了探索巴西利亚的生活标准，
我来到了中心纪念轴线沿线的那些形式完全统一的政府部
门大楼中的一座，里面是城市奥威尔监听部。来到这里，
我并非想见到官员或者政治家，而是探望弗朗西斯卡·维
耶拉，一位在这一区工作的清洁工人。她不住在巴西利亚，
而是住在臭名昭著的卫星镇，在这个国家中，城市附近到
处都是这样的卫星镇，这完全超出了这个国家的建筑及社
会愿景。在我们谈话的时候，她开始低声啜泣。为什么会
这样？我猜测或许是因为没有人曾问及她的故事，或者记
录她辛劳的生活——而这恰恰是大多数巴西利亚人典型的
生活方式。她的工资极其低微，她来这里上下班时要花费

大量的时间和金钱坐公交。她努力地活下来，养活着她的一家人，她们全家住在卫星镇一间自己盖的屋子里，离巴西利亚有1小时车程。对她来说，巴西利亚毫无意义。

我又回到"超级街区"，参观其中的一家餐馆，想知道这里是否有活跃的夜生活。从某种意义上来说，在喝着我的凯匹林纳鸡尾酒的时候，我是活在一个现代主义梦想之中。我坐在餐馆中，周围是愉悦交谈的当地居民，四周是公园式设计，而附近正在兴建板式楼房。确实是一个自给自足的社区。但是尽管如此，从社会角度而言，巴西利亚却是失败的，因为它并未实现自己的梦想。它没有成为一个有活力的首都，没有成为这个国家的文化以及行政枢纽，并且其社会状况与其期望的平等相去甚远——它是巴西人民不平等生活的真实体现。像弗朗西斯卡这样靠低微工资过活的人是没有栖身之地的。他们长途跋涉只为服务这个城市，但却无力负担城市生活，当他们穿梭在一座座极具现代感的建筑中时，更像是一个局外人。

在这里处处都有矛盾。我在一家不错的餐馆享用着巴西肉烧土豆—— 一种用各种方式烹饪的豆子和猪肉的混合菜肴。这道菜最初其实是只有奴隶才吃的，因为它的食材廉价，是由剩菜拼凑而成。而现在，在市中心的餐馆，弗朗西斯卡甚至无法支付这当初只有奴隶才吃的东西。这个城市还仍旧是个婴儿——任何一座建筑都不及我的年龄大——但是，很难预见它将如何成长为一个成熟、举世瞩目的城市，成为文化、商业以及行政中心。恐怕在巴西利亚，居住在城市中的人与服务城市的人之间很难建立起一种创造性的关系。

扩展阅读

以下是在为英国广播公司第2频道的《漫游世界建筑群》系列纪录片及本书做准备时参考的出版物，也可供读者作为扩展阅读的借鉴。

美丽

The Indians of Canada, Diamond Jenness, Toronto, 1986

Eskimo Architecture, Molly Lee, Andrew Toovak Jr and Gregory A. Reinhardt, Alaska, 2003

A History of Russian Architecture, William C. Blumfield, 1993

St Petersburg: A History, Arthur and Elena George, London, 2004

The Romanovs, W. Bruce Lincoln, 1981

The Three Empresses, Catherine, Anne and Elizabeth of Russia, P. Longworth, 1972

The Hammer of the Inquisitors, Alan Friedlander, Leiden, 2000

Massacre at Montsegur, Zoe Oldenbourg, London, 1961

The Yellow Cross, Rene Weis, London, 2000

The Perfect Heresy, Stephen O'Shea, London, 2000

Albi Cathedral and British Church Architecture, John Thomas, London, 2002

Brick: a World History, James W.P. Campbell and Will Pryce, London, 2003

The Gothic Cathedral, Wim Swaan, London, 1984

The Art and Architecture of the Indian Subcontinent, J.C. Harle, 1994

Hindu Mythology, W.J. Wilkins, 2006

Konark: Monumental Legacy, Thomas E. Donaldson, Oxford, 2003

Black Pagoda, Robert Ebersole, University of Florida Press, 1957

Tantra and Sakta Art of Orissa (3 vols.), Thomas E. Donaldson, New Delhi, 2002

Mysterious Konarka, R.K. Das, 1984

Gods and Goddesses, T.C. Majupuria and Rohit Kumar, Bangkok, 1998

The Essence of Buddhism, Jo Durban Smith, 2004

The Art of Tantra, P. Rawson, London, 1973

Erotic Sculpture of India, D. Desai, 1975

Pauranic and Tantric Religion, J.N. Banerjea, 1966

Symbols and Manifestations of Indian Art, ed. Saryu Doshi, 1984

Secrets of Mary Magdalene, ed. Dan Bumstein and Arne J. De Keijzer, London, 2006

连接

The Rise of the Skyscraper, Sarah Bradford Landau and Carl W. Condit, New York, 1996

Skyscraper: the search for an American style 1891-1941, ed. Roger Shepherd, 2003

The City Observed, Paul Goldberger, 1979

The American Skyscraper, ed. Roberta Moudry, 2005, essay by Carol Herselle Krinsky: 'The skyscraper ensemble in its setting'

Damascus: a historical study of the Syrian city-state from the earliest times until its fall to the Assyrians in 732 BCE, Wayne T. Pitard, 1987

Mirror to Damascus, Colin Thubron, London, 1967 (1988 edition)

Damascus: Hidden Treasures of the Old City, Brigid Keenan, 2000

A Short Account of Early Muslim Architecture, K.A.C. Creswell, 1989

A New Old Damascus: authenticity and distinction in urban Syria, Christa Salamandara, 2004

Damascus and its people, Mrs Mackintosh, 1883

The Damascus Chronicle of the Crusades, trs. from the chronicle of Ibn Al-Qalanisi (1097-1159), H.A.R. Gibb, 1932

Damascus, Palmyra, Baalbek, Rouhi Jamil, 1941

The Travels of certaine Englishmen into Africa, Asia, Troy...and...into Syria... Mesopotamia, Damascus...Palestina, Jerusalem, Jericho.... Begun in the year 1600, and by some of them finished this yeere 1608...very profitable for the use of Travellers, 1609 (William Biddulph)

Great Mosque of Damascus, Finbarr Barry Flood, 2000

Studies in Medieval Islamic Architecture, vol. I, Robert Hillenbrand, 2001

From Damascus to Palmyra, John Kelman, 1908

Monuments of Syria: an historical guide, Ross Bums, 1992

Early Muslim Architecture: Umayyads AD 622-750, K.A.C. Creswell, Oxford, 1969

Two Brazilian Capitals, Norma Evenson, New Haven, 1973

译者后记

电影作为当下信息时代不可或缺的影视产业之一，其诞生始于纪录片的创作。"纪录片"一词来源于英国（约翰·格里尔逊）。英国广播公司（BBC）作为世界最大的新闻广播机构之一，其录制的纪录片题材广泛、制作精良、画面精美，有着世界公认的地位。而本书系的英文原著最初就是来自于英国广播公司（BBC）的同名专题系列纪录片。

现在，《漫游世界建筑群》的中文版书系终于和广大读者见面了。通过本书系"前言"中作者丹·克鲁克香克（Dan Cruickshank）的诚挚推介，读者们可以知道这本书是如何完成的。本书并非专门为建筑学界人士而著，它更像是一部小说，讲述了世界各地不同时代、不同文化背景下的故事，所以无论是考验生死存亡的极地还是充满权利斗争的宫廷，都被精心记录于其中。愿读者们在细酌之余，能体会此书的博大精深，皆能有所受益，实为本书之最大意义所在。

《漫游世界建筑群》这套书共包括 8 个主题，覆盖 19 个国家，涉猎了 36 座建筑。其题材的广泛性决定了内容的复杂性和背景资料的多样化，也决定了翻译角度的多元化，如对于原著所涉及到的宗教文化差异，翻译时就要考虑"功能相似"原则，灵活地使用"意译"加"注释"法。此外，作者是一位老牌的英式学者，在作品中非常喜欢使用巴洛克式的长句，也就是那种层层叠叠如同阶梯式瀑布般壮美、阅读起来极具音律感、逻辑缜密的主从复合句。在阅读这样的语句时能够让人感受到其中的思想、力量和美感。有人曾经说过中英文的不同是因为逻辑关系不同，而逻辑关系的变化必然引起语法结构的变更。对原著的译注是一项浩大且精密的工程。而在这个过程中，译者也非常关注如何在结构的变更中，忠于原文的情感表达，让读者从文字中感受到作者的激情，感受文中描述的建筑中所蕴含的历史，感受甚至体验曾经的那些故事、那些人物、那些情怀。然而，西式的这种热情在用中文表达时，就显得较为困难。相较于东方的含蓄、内敛、淡然处之，西式的表达显得更为浓烈、激荡、开门见山。在翻译过程中，如何把握语言，既能让读者感受原著的文化氛围，又能在中文表达时展示雅致、不显直白，对于我而言仍是一条漫漫长路。

本书在翻译过程中，得到国内外许多友人的鼎力相助。定居美国的陈初、英国的邹会和叶文哲、中国台湾的谢碧珈，还有李明峰、高侃、黄艳群等朋友，他们为本书的完成给予了很大的支持和帮助，在此一并表示衷心的感谢！

此外，中国水利水电出版社的李亮分社长、李康编辑在本书系的前期策划、文字润色、插图配置及后续出版工作中付诸了极大的心血和劳动，使其以更为完美的形态呈现在读者面前，尤其是重新设计配置的精美图片更是为本书带来美妙的阅读体验，而美术编辑李菲的精心设计最终让所有人对本书爱不释手。在此也对他们的辛勤付出表示诚挚的谢意！

这是本人的第一本译著，出于专业原因，我对《漫游世界建筑群》可谓怀有天然的好感。虽然我对于景观和建筑知识有着兴趣和标准上的追求，但我并非翻译出身，也无经验，即使曾经留洋，也难以做到让读者有如阅读出于国人手笔的作品一样的体会。对于本书，我在不偏离原著主旨内容的原则下，尽量运用通顺流畅的文句，使读者在阅读时没有生硬、吃力的感觉。但由于本人水平有限，译文中必然存在不少问题，所以，在此诚恳地欢迎广大读者批评指正，并提出宝贵意见。

译 者

2015 年 12 月

第一译者介绍

吴捷，浙江理工大学艺术与设计学院讲师，英国谢菲尔德大学景观建筑学专业硕士，主要研究方向为环境设计。2010 年进入浙江理工大学执教，先后教授过历史理论、景观、建筑、创意概念设计等方面的课程，致力于可持续性景观、公共空间和文化领域的研究工作，并发表了相关的学术论文。

图书在版编目（ＣＩＰ）数据

漫游世界建筑群之美丽·连接 ／（英）克鲁克香克著；
吴捷，杨小军译. -- 北京 ：中国水利水电出版社，
2016.1
（BBC经典纪录片图文书系列）
书名原文：Adventures in Architecture
ISBN 978-7-5170-4197-9

Ⅰ．①漫… Ⅱ．①克… ②吴… ③杨… Ⅲ．①建筑艺
术－世界－图集 Ⅳ．①TU-861

中国版本图书馆CIP数据核字 (2016) 第053947号

北京市版权局著作权合同登记号：图字 01-2015-2702
本书配图来自CFP@视觉中国

责任编辑：李 亮 李 康
文字编辑：李 康
插图配置：李 康

书籍设计：李 菲 芦 博
书籍排版：芦 博

书　　名　BBC经典纪录片图文书系列
　　　　　漫游世界建筑群之美丽·连接
原 书 名　Adventures in Architecture
原　　著　【英】Dan Cruickshank（丹·克鲁克香克）
译　　者　吴捷　杨小军
出版发行　中国水利水电出版社
　　　　　(北京市海淀区玉渊潭南路1号D座 100038)
　　　　　网址: www.waterpub.com.cn
　　　　　E-mail: sales@waterpub.com.cn
　　　　　电话: (010) 68367658 (发行部)
经　　售　北京科水图书销售中心 (零售)
　　　　　电话: (010) 88383994、63202643、68545874
　　　　　全国各地新华书店和相关出版物销售网点

印　　刷　北京印匠彩色印刷有限公司
规　　格　150mm×230mm 16开本 9印张 108千字
版　　次　2016年1月第1版 2016年1月第1次印刷
定　　价　39.00元